"十二五"国家重点图书出版规划项目

第一次全国水利普查成果丛书

经济社会用水情况调查报告

《第一次全国水利普查成果丛书》编委会　编

中国水利水电出版社
www.waterpub.com.cn

·北京·

内 容 提 要

　　本书系《第一次全国水利普查成果丛书》之一，系统全面地介绍了第一次全国水利普查经济社会用水情况调查的方法与主要成果，主要包括调查内容与调查方法，城乡居民生活、工业、建筑业、第三产业、农业、生态环境用水的用水规模、用水水平、用水效率和用水特点等内容。

　　本书内容及数据权威、准确、客观，可供水利、农业、国土资源、环境、气象、交通等行业从事规划设计、建设管理、科研生产的各级政府人士、专家、学者和技术人员阅读使用，也可供相关专业大专院校师生及其他社会公众参考使用。

图书在版编目（ＣＩＰ）数据

　　经济社会用水情况调查报告 / 《第一次全国水利普
查成果丛书》编委会编. -- 北京 : 中国水利水电出版社,
2017.1
　　（第一次全国水利普查成果丛书）
　　ISBN 978-7-5170-4633-2

　　Ⅰ. ①经… Ⅱ. ①第… Ⅲ. ①用水量－水利调查－调
查报告－中国 Ⅳ. ①TU991.31

　　中国版本图书馆CIP数据核字(2016)第200380号

　　审图号：GS（2016）2553 号
　　地图制作：国信司南（北京）地理信息技术有限公司
　　　　　　　国家基础地理信息中心

书　　名	第一次全国水利普查成果丛书 **经济社会用水情况调查报告** JINGJI SHEHUI YONGSHUI QINGKUANG DIAOCHA BAOGAO
作　　者	《第一次全国水利普查成果丛书》编委会　编
出版发行	中国水利水电出版社 （北京市海淀区玉渊潭南路 1 号 D 座　100038） 网址：www. waterpub. com. cn E - mail：sales@ waterpub. com. cn 电话：（010）68367658（营销中心）
经　　售	北京科水图书销售中心（零售） 电话：（010）88383994、63202643、68545874 全国各地新华书店和相关出版物销售网点
排　　版	中国水利水电出版社微机排版中心
印　　刷	北京博图彩色印刷有限公司
规　　格	184mm×260mm　16 开本　16 印张　296 千字
版　　次	2017 年 1 月第 1 版　2017 年 1 月第 1 次印刷
印　　数	0001—2300 册
定　　价	**100.00 元**

本书编委会

主　　编　　李原园

副 主 编　　张象明　　黄火键　　王　瑜

编写人员　　张海涛　　王　研　　张宝忠　　张春玲　　王　琳

　　　　　　卢　琼　　仇亚琴　　魏　征　　吕红波　　汪学全

　　　　　　甘　泓　　刘　钰　　杜军凯　　丁相毅　　李云玲

　　　　　　杨晓茹　　赵钟楠　　秦守田　　谢丛丛

前　言

遵照《国务院关于开展第一次全国水利普查的通知》（国发〔2010〕4 号）的要求，2010—2012 年我国开展了第一次全国水利普查（以下简称"普查"）。普查的标准时点为 2011 年 12 月 31 日，时期资料为 2011 年度；普查的对象是我国境内（未含香港特别行政区、澳门特别行政区和台湾省）所有河流湖泊、水利工程、水利机构以及重点社会经济取用水户。

第一次全国水利普查是一项重大的国情国力调查，是国家资源环境调查的重要组成部分。普查基于最新的国家基础测绘信息和遥感影像数据，综合运用社会经济调查和资源环境调查的先进技术与方法，系统开展了水利领域的各项具体工作，全面查清了我国河湖水系和水土流失的基本情况，查明了水利基础设施的数量、规模和行业能力状况，摸清了我国水资源开发、利用、治理、保护等方面的情况，掌握了水利行业能力建设的状况，形成了基于空间地理信息系统、客观反映我国水情特点、全面系统描述我国水治理状况的国家基础水信息平台。通过普查，摸清了我国水利家底，填补了重大国情国力信息空白，完善了国家资源环境和基础设施等方面的基础信息体系。普查成果为客观评价我国水情及其演变形势，准确判断水利发展状况，科学分析江河湖泊开发治理和保护状况，客观评价我国的水问题，深入研究我国水安全保障程度等提供了翔实、全面、系统的资料，为社会各界了解我国基本水情特点提供了丰富的信息，为完善治水方略、全面谋划水利改革发展、科学制定国民经济和社会发展规划、推进生态文明建设等工作提供了科学可靠的决策依据。

为实现普查成果共享，更好地方便全社会查阅、使用和应用普查成果，水利部、国家统计局组织编制了《第一次全国水利普查成果丛书》。本套丛书包括《全国水利普查综合报告》《河湖基本情况普查报告》《水利工程基本情况普查报告》《经济社会用水情况调查报告》《河湖开发治理保护情况普查报告》《水土保持情况普查报告》《水利行业能力情况普查报告》《灌区基本情况普查报告》《地下水取水井基本情况普查报告》和《全国水利普查数据汇编》共10册。

　　本书是《第一次全国水利普查成果丛书》之一，全面介绍了我国城乡居民生活、工业、建筑业、第三产业、农业、生态环境用水的情况及特点，以及我国经济社会用水规模、用水水平、用水效率和用水特点。全书共分八章：第一章介绍了调查的目标与任务、调查内容、调查技术路线等；第二章介绍了典型城乡居民家庭用水，以及区域城乡居民生活用水情况调查成果；第三章介绍了工业用水大户及典型工业用水户用水，以及区域工业用水情况调查成果；第四章介绍了第三产业用水大户及典型建筑业和典型第三产业用水户用水，以及区域建筑业及第三产业用水情况调查成果；第五章介绍了规模以上灌区及规模以下典型灌区和规模化畜禽养殖场用水，以及区域农业用水情况调查成果；第六章介绍了河道外生态环境用水情况调查成果；第七章介绍了区域总用水量的构成与结构，以及供水量的组成等情况；第八章介绍了我国重要经济区、重点能源基地和粮食主产区的供用水情况。本书所使用的计量单位，主要采用国际单位制单位和我国法定计量单位，小部分沿用水利统计惯用单位。部分因单位取舍不同而产生的数据合计数或相对数计算误差未进行机械调整。

　　本书在编写过程中得到了许多专家和普查人员的指导与帮助，在此表示衷心的感谢！由于作者水平有限，书中难免存在疏漏，敬请批评指正。

编者

2015 年 10 月

目录

第一章 概 述

经济社会用水情况调查主要包括对我国居民生活、工业、建筑业及第三产业、农业等用水户的用水调查，以及各行业用水状况调查分析等内容。本章主要介绍经济社会用水情况调查的目标与任务、对象范围与内容、调查方法与技术路线，以及调查主要成果等内容。

第一节 调查目标与任务

经济社会用水调查的目标是全面查清中华人民共和国境内（未含香港特别行政区、澳门特别行政区和台湾省，下同）的经济社会用水状况，真实把握经济社会发展对水资源的需求与压力，为制订我国节水型社会建设规划、实施水量分配、控制用水总量和强化定额管理，实行最严格的水资源管理制度等提供基础与支撑。

按照国务院第一次全国水利普查领导小组办公室《第一次全国水利普查实施方案》的要求，本次经济社会用水调查的主要任务是通过对农业、工业、城乡居民生活、建筑业和第三产业等国民经济各行业用水以及生态环境用水户用水状况的调查，建立用水户资料档案和用水台账，统计分析流域和区域的经济社会主要指标，调查各类用水行业的供用水情况及其特点，主要包括：

（1）查清我国经济社会用水户的数量及分布；收集整理流域和区域分区人口、灌溉面积、工业产值等主要经济社会指标。

（2）全面查清我国经济社会用水大户（一定规模以上用水量的用水户）的供用水情况及其特征。

（3）开展一般用水户的典型调查与抽样调查，并进行区域单位用水指标分析。

（4）通过统计农村及城镇用水人口，结合城乡居民用水典型调查，摸清城乡居民用水量。

（5）通过统计主要经济社会指标，结合灌区和企事业单位的用水大户和典型用水户的用水调查，摸清农业、工业、建筑业及第三产业等国民经济各行业用水量。

（6）收集绿地面积、绿地灌溉定额、环境卫生清洁面积、环境卫生清洁用水定额及河湖生态补水面积等资料，分析计算生态环境用水量。

（7）利用河湖取水口和地下水取水井取水量普查成果，并调查统计其他水源供水量，摸清地表水、地下水及非常规水源供水量。

（8）全面摸清我国 2011 年全口径的经济社会供用水状况。

第二节　调查对象及内容

一、调查对象

由于我国经济社会用水户数量巨大，目前用水计量尚未普及，不易做到逐个调查，因此需要确定调查对象，作为用水总量和分行业用水量统计的基础。用水户分为用水大户和一般用水户，本次普查将用水大户全部作为调查对象，对其逐一进行调查获得其用水情况；一般用水户依据一定的原则采用抽样等方法确定调查对象，通过推算获得一般用水户的用水情况。

本次普查的用水调查对象分为生活用水、工业用水、农业用水和生态环境用水调查对象。生活用水调查对象包括城乡居民家庭用水户、建筑业及第三产业用水户；工业用水调查对象包括火（核）电企业、高用水工业企业和一般用水工业企业用水户；农业用水调查对象包括灌区和规模化畜禽养殖场用水户；生态环境用水调查对象包括人工补水的河湖取用水户和城镇环境用水户。为了摸清我国供水状况，还对河湖取水口、地下水取水井、非常规水源以及公共供水企业的取供水状况进行了调查。各类供用水户的调查对象详见图 1-2-1。

1. 生活用水调查对象

城乡居民家庭：根据统计学方法，参考城市化水平，每个县级行政区抽样选取 100 个典型居民家庭用水户（包含城镇和农村居民用水户）进行调查。

建筑企业：以县级行政区为工作单元，选取一定数量的建筑业企业作为典型进行调查。

第三产业机关企事业单位：以县级行政区为工作单元，把第三产业用水户分为用水大户（一般年用水量在 5 万 m³ 及以上）和一般用水户。将第三产业用水大户全部作为调查对象，第三产业一般用水户按住宿餐饮业及其他第三产业分别抽样选取典型作为调查对象。

2. 工业用水调查对象

以县级行政区为工作单元，根据各地工业企业用水情况分为用水大户（一般年用水量在 5 万 m³ 及以上）和其他用水户，将工业用水大户全部作为调查

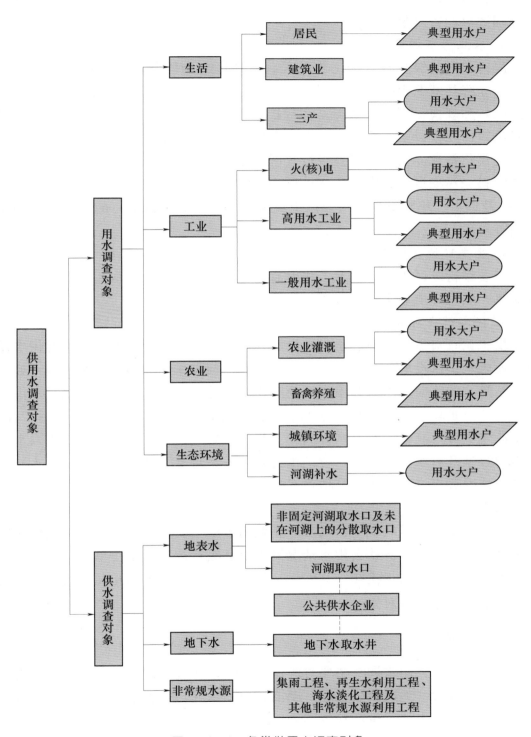

图 1-2-1　各类供用水调查对象

对象，其他工业用水户分为高用水工业与一般用水工业用水户，采取抽样的方法分别选取调查对象。

3. 农业用水调查对象

灌区：以县级行政区为工作单元，将灌区分为跨县灌区和非跨县灌区两类，而非跨县灌区根据灌溉面积大小又分为规模以上灌区（一般为1万亩及以上灌区）和规模以下灌区两类。将跨县灌区和规模以上非跨县灌区全部作为调查对象，而规模以下非跨县灌区则选取典型作为调查对象。

规模化畜禽养殖场：以县级行政区为工作单元，通过收集农业部门的畜禽养殖资料、污染源普查资料和实地调查，将饲养数量在一定规模以上（大牲畜100头及以上、小牲畜500头及以上或家禽15000只及以上）的畜禽养殖场作为调查对象。

4. 生态环境用水调查对象

以县级行政区为工作单元，将所有进行人工补水的河湖取用水户均作为调查对象；城镇环境用水户采取抽样调查确定。

5. 供水调查对象

供水调查对象包括地表水供水设施、地下水供水设施、非常规水源供水设施。地表水供水设施包括河湖取水口，以及江河湖库上无固定取水设施（如移动泵站等）的临时取水口和不在江河湖库上的分散地表水取水口。地下水供水设施为地下水取水井。非常规水源供水设施包括集雨工程、再生水利用工程、海水淡化工程及其他非常规水源利用工程。其中，河湖取水口和地下水取水井设施的数量及取水量等情况，分别由河湖开发治理基本情况普查和地下水取水井基本情况普查进行普查，其他供水设施则在经济社会用水情况调查中统计分析其供水量。

公共供水企业是城乡生活及工业企业用水的主要供水来源，是工业行业中的一个类别。本次经济社会用水情况调查以县级行政区为工作单元，将所有城镇供水企业和日供水规模在1000t及以上（或用水人口在1万人及以上）的农村供水单位作为调查对象。

二、调查内容

本次经济社会用水调查主要对河道外用水情况进行调查。河道外用水指用水户直接从水源（如河流、水库、湖泊、地下水等）提引或从供水企业输水管道中获取并用于生活、生产和生态环境的水量，不包括水力发电和航运等河道内用水。

用水量按照是否包括输水损失分为毛用水量和净用水量。毛用水量指用水户从各种水源提引的用于生活、生产和生态环境的水量，包括从取水水源到进入用水户之前的输水损失。净用水量指用水户实际接收到并用于生活、生产和生态环境的水量，不包括进入用水户之前的输水损失。需要特别指出的是本次农业灌溉净用水量为进入渠道斗口并用于灌溉的水量，对于从地下水井、河流、水库、湖泊上取水直接送往田间的灌区其毛用水量等于净用水量。

（一）用水户用水调查

为便于调查对象填表人员以及基层普查员的理解和记录方便，用水户调查对象调查表中设置两个水量指标，一个是取水量，一个是用水量。取水量为调查对象从各种水源所取的水量，对于直接从河流、水库、湖泊、地下水等水源取水的用水户，其取水量按取水口的水量统计，相当于毛用水量；对于从公共供水管网取水的用水户，其取水量按入户水表的水量统计，相当于净用水量，所应分摊的管网输水损失将在区域用水量汇总时计算。用水量为调查对象实际接收到并利用的水量，按入户水量统计，相当于净用水量。调查对象 2011 年的经济社会指标以及取用水量是本次经济社会用水情况调查的重要基础，各类调查对象主要调查内容如下。

1. 生活用水调查

生活用水包括城镇居民用水、农村居民用水以及公共用水（含第三产业及建筑业等用水）。居民生活用水指满足居民家庭自身生活需求的水量，包括饮用、烹饪、洗涤、洗澡、冲厕等用水量；建筑业用水包括土木工程建筑、管线铺设、装修装饰等行业的用水；第三产业用水包括商品贸易、餐饮住宿、金融、交通运输、仓储、邮电通信、文教卫生、机关团体等各种服务行业的用水量。

本次普查城乡居民家庭生活用水调查的主要指标包括 2011 年户籍人口、常住人口、不同水源年用水量等指标。建筑企业用水调查的指标主要包括 2011 年完成建筑施工面积、不同水源年用水量、年排水量等指标。第三产业机关企事业单位用水调查的主要指标包括 2011 年从业人员数量、主要行业指标（商店面积、饭店餐位、宾馆床位等）、不同水源年用水量等指标。

2. 工业用水调查

工业用水量是指工矿企业在生产过程中从自备水源和公共供水管网等取用的生产、附属生产及辅助生产性用水量，不包括取水后重复利用的水量，以及供给其他用水户的水量和未利用的水量。本次普查工业企业用水调查的主要指标包括 2011 年工业总产值、主要产品产量及用水量、火（核）电企业装机容量及年发电量、不同水源的年取水量及年用水量、年排水总量等指标。

3. 公共供水企业调查

公共供水企业调查的主要指标包括 2011 年不同水源的年取水量、用水人口、供水量（出厂水量）、不同用途售水量等指标。

4. 农业用水调查

农业用水调查包括灌区用水调查和畜禽养殖场用水调查。农业灌溉用水量是指从地表水、地下水及再生水等水源取用的用于耕地、非耕地灌溉的水量；畜禽养殖用水量是指饲养各种畜禽所用的水量。本次普查灌区用水调查的主要指标包括 2011 年耕地及非耕地实际灌溉面积，不同水源的年取水量，耕地、非耕地和非农业年用水量等指标。规模化畜禽养殖场用水调查的主要指标包括大牲畜、小牲畜和家禽的存栏数及相应的年用水量等指标。

5. 生态环境用水调查

生态环境用水是指用于城镇公共绿地灌溉、环境卫生清洁用水和以生态环境保护为目标的河道外河湖生态补水，仅包括人为措施供给的城镇环境用水和部分河湖、湿地补水，而不包括降水、径流自然满足的水量。本次普查生态环境用水调查以县级行政区为工作单元，主要调查生态环境用水量，包括绿地灌溉用水量、环卫用水量以及部分河湖湿地补水量等指标。

（二）区域经济社会指标收集

为推算区域经济社会用水量和评价区域用水水平，本次普查根据各地统计年鉴和相关部门资料，收集整理了反映区域经济社会发展水平的主要经济社会指标，包括常住人口、农业灌溉面积、畜禽养殖数量、地区生产总值、工业总产值及增加值、建筑业房屋竣工面积、第三产业从业人员等。

常住人口指实际居住在本行政区内半年以上的人口，按居住在城镇和农村范围分别统计。城镇和农村的范围遵照国家统计局《统计上划分城乡的规定》（国务院于 2008 年 7 月 12 日国函〔2008〕60 号批复）执行。耕地实灌面积指实际灌水 1 次以上（含 1 次）的耕地面积（包括在耕地上种植果树、花卉、苗圃等的面积），在同一亩耕地上无论灌水几次，都按 1 亩统计。非耕地实灌面积指非耕地上实际灌水 1 次以上（含 1 次）的林果苗圃、果园、生产林、经济林、防护林、草场等面积，以及实际补水 1 次以上（含 1 次）的人工鱼塘补水面积。牲畜数量指饲养的牲畜数量，按大牲畜、小牲畜、家禽分别统计。大牲畜包括牛、马、驴、骡和骆驼，小牲畜包括猪和羊，家禽主要包括鸡和鸭。地区生产总值指按市场价格计算的一个地区所有常住单位在一定时期内生产活动的最终成果。工业增加值指按市场价格计算的一个地区内工业企业在生产活动中新创造的价值。工业总产值指一个地区内工业企业以货币形式表现的工业最终产品和提供工业劳务活动的总价值量。房屋竣工面积指当年竣工的房屋面积。建筑业从业人员指从事建筑业工作并取得劳动报酬或收入的年末实有人员数。第三产业从业人员指从事第三产业工作并取得劳动报酬或收入的年末实有人员数。

经济社会指标中的耕地实际灌溉面积和非耕地实际灌溉面积直接采用本次灌区专项普查成果或水利等部门统计成果。对于耕地和非耕地中没有大面积成片鱼塘的区域，其耕地实际灌溉面积与非耕地实际灌溉面积直接采用灌区专项的普查成果；对于有大面积成片鱼塘的区域，其耕地实际灌溉面积与非耕地实际灌溉面积为在灌区专项普查成果的基础上加入大面积成片鱼塘的面积（属于耕地的鱼塘统计在耕地中，属于非耕地的鱼塘统计在非耕地中）。耕地实际灌溉面积及非耕地实际灌溉面积以外的其他经济社会指标，从同级统计主管部门或统计年鉴中获取。地区生产总值、工业增加值和工业总产值均采用按当年价格计算的数值。

县级行政区的经济社会指标由县级水利普查机构收集，主要用于全口径用水量的推算。地级、省级、全国的经济社会指标由同级水利普查机构收集，主要用于相应区域的用水指标分析计算。

（三）区域供用水量调查

本次普查以用水大户和典型用水户的用水调查成果为基础，结合收集整理的经济社会指标，按县级行政区套水资源三级区分析计算各行业净用水量，并考虑各种输水损失，汇总获得行政分区和水资源分区的全口径毛用水量。此外，利用河湖取水口普查和地下取水井普查，以及经济社会用水情况调查对非固定河湖取水口、未在河湖上的分散取水口以及其他非常规水源进行调查分析的基础上，汇总分析行政分区和水资源分区的供水量，并对计算单元的供水量和用水量进行平衡分析，检验供用水量成果合理性。

第三节　总体技术路线与流程

一、调查组织与实施

第一次全国水利普查按照"全国统一领导、部门分工协作、地方分级负责、各方共同参与"的原则组织实施。经济社会用水情况调查是在第一次全国水利普查领导小组及办公室的统一组织领导下，通过国家、流域、省、地、县等5级水利普查机构的努力共同完成。

第一次全国水利普查历时3年，分为前期准备、清查登记、填表上报和成果发布四个阶段。2010年为前期准备阶段，主要开展了普查方案的设计、普查技术文件的编制、普查试点、普查数据处理上报软件开发、普查培训等。2011 年为清查登记阶段，主要开展了各类用水户等普查对象的清查，以及用水、供水等动态指标的台账建立，普查数据获取等工作。2012 年为填表上报及成果发布阶段，完成了正式普查表的填报、普查数据逐级审核与汇总分析，开展了普查数据事后质量抽查工作，做好成果发布工作。

经济社会用水情况调查主要开展了用水户清查、用水台账建立、用水调查、用水分析和数据汇总等工作。用水户调查中的调查对象确定、调查数据获取、调查表填报，均按"在地原则"以县级行政区为工作单元，主要由县级水利普查机构组织和实施，并经过各级水利普查机构审核后作为用水户调查成果。全口径用水量分析汇总平衡则以县级行政区套水资源三级区为计算单元开展供、用水量的平衡和汇总，也经过各级水利普查机构审核后作为经济社会用水情况调查成果。

二、调查单元与分区

本次经济社会用水情况调查以县级行政区为组织工作单元，为了满足按照流域分区和行政分区汇总的要求，调查数据与表格的填报、汇总则以县级行政区套水资源三级区为计算单元。

按"在地原则"，由县级水利普查机构组织开展调查对象确定工作。县级普查机构根据县域内调查对象的数量、分布及特点，按照普查对象的计算单元，采取走访登记、档案查阅、现场访问等方式逐一调查，填写调查表。县级普查机构进行录入、审核、汇总。各级水利普查机构按照统一进度要求，对调查成果进行审核通过后上报上级水利普查机构，上级水利普查机构再次对下级上报的调查成果进行审核，对于发现的问题及时要求下级水利普查机构进行复核，形成逐级上报和逐级复核的报送程序。

三、总体技术路线

经济社会用水情况调查总体技术路线为：按照"在地原则"，以县级行政区为组织工作单元，对各类用水户进行清查、登记和建档，采用分层抽样及典型调查方法确定调查对象名录，建立调查对象的取用水台账；对各类调查对象（包括用水大户和典型用水户）进行详细调查，逐项填报调查表；确定用水大户的取用水量和典型用水户的行业单位取用水量指标，并以县级行政区套水资源三级区为计算单元综合推算其用水总量；逐级进行调查数据审核、汇总、平衡、上报，形成全国经济社会用水调查成果。经济社会用水情况调查总体技术路线见图 1-3-1。

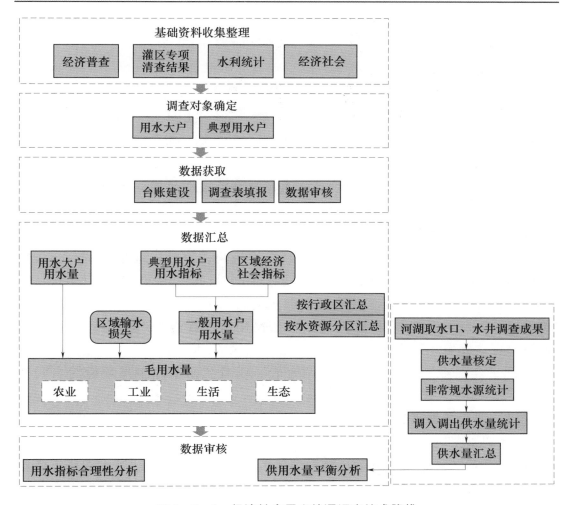

图 1-3-1　经济社会用水情况调查技术路线

四、普查技术流程

根据调查内容设置及调查对象的特点，经济社会用水调查采用用水大户逐一调查、一般用水户抽样（典型）调查、供用水量分析计算和平衡检验的方法，主要包括调查对象确定、数据获取、调查表填报、数据审核、数据汇总等环节。

（一）调查对象确定

调查对象确定是进行经济社会用水调查的基础性工作，主要依据相关普查资料和有关成果进行。通过收集和整理第二次全国经济普查成果、灌区专项清查结果和取水口清查等资料，根据用水大户和典型用水户的确定方法初步选取调查对象，形成调查对象初始名录。在初始名录基础上，通过电话或走访等方式核实所有调查对象的信息是否正确和完备，删减不符合要求的调查对象，并根据调查数量要求增补相应的典型用水户，完成调查对象的最终确定，形成最终需要调查的名录。

（二）数据获取

所有调查对象确定以后，各类调查对象（包括用水大户、典型用水户、取供水对象）根据计量情况完善计量设施，建立各类供用水户的取用水台账，记录各月取用水情况，获取调查对象全年取用水量数据。灌区调查对象填报"灌区取用水台账表"，工业、建筑业和第三产业调查对象填报"工业、建筑业和第三产业取用水台账表"，河湖取水口调查对象填报"河湖取水口取水量台账表"，其他调查对象填写供用水记录表。

（三）调查表填报

按照"在地原则"，由县级水利普查机构组织调查对象根据取用水台账数据以及单位统计资料填报用水调查表，并对用水调查表进行审核。对于跨县级行政区的灌区用水调查表，由灌区管理机构进行复核。各调查对象分别填报"典型城镇居民用水调查表""典型农村居民用水调查表""灌区用水调查表""规模化畜禽养殖场用水调查表""公共供水企业用水调查表""工业企业用水调查表""建筑业与第三产业用水调查表"以及"河道外生态环境用水调查表"。

（四）调查数据审核

用水调查完成后，由县级水利普查机构对调查表数据进行审核并录入和整理，形成调查对象取用水成果，并报送地级水利普查机构；地级水利普查机构对各县调查成果进行审核，审核通过后报送省级水利普查机构；省级水利普查机构再次对调查成果进行审核，审核通过后报送国家级水利普查机构；国家级水利普查机构又再次对调查成果进行审核，审核通过后形成调查对象用水最终成果。各级水利普查机构在审核过程中发现的问题，反馈到下一级进行核实或修正，并上报复核后的成果。

（五）数据汇总

经济社会用水情况调查数据汇总包括调查对象用水成果汇总和区域全口径用水量汇总。

1. 汇总方式

经济社会用水量以县级行政区套水资源三级区为基础，利用水利普查数据处理上报软件系统，进行调查对象用水量和全口径经济社会用水量的行政分区汇总、水资源分区汇总。行政区汇总以县级行政区为汇总单元，汇总形成地级、省级及全国普查成果。水资源分区汇总以213个水资源三级区为基本汇总单元，逐级汇总形成80个水资源二级区成果，10个水资源一级区成果。

2．汇总过程

（1）调查表汇总及用水指标推算采用值确定。各级水利普查机构将调查表按用水行业进行汇总分析，一方面对各类调查对象用水大户的用水量分别按县级行政区套水资源三级区进行汇总；另一方面，以县级普查区为汇总单元，计算各类调查对象典型用水户的用水指标，并对各县用水指标的合理性进行分析，确定全口径用水量推算的用水指标采用值。

（2）经济社会指标获取。县级水利普查机构通过整理分析统计部门数据，获取与用水量密切相关的经济社会发展指标，主要包括常住人口、地区生产总值、工业总产值、工业增加值、建筑业及第三产业从业人员、畜禽数量、实际灌溉面积等。除实际灌溉面积采用灌区专项普查或水利部门成果外，其他指标从当地统计部门获取。县级水利普查机构获取的经济社会指标主要用于全口径用水量的推算和汇总，地级及其以上水利普查机构则利用同级统计部门发布的经济社会指标计算综合用水指标和行业用水指标。

（3）计算单元净用水量分析计算。全口径经济社会用水量的计算单元为县级行政区套水资源三级区。各级水利普查机构根据调查对象用水成果，以及获取的经济社会指标和用水指标推算采用值成果，按照各行业全口径用水量计算方法，对计算单元的净用水量进行分析计算。

（4）区域用水量汇总。各级水利普查机构在计算单元净用水量分析计算的基础上，按行政分区（县级、地级、省级）和水资源分区（水资源三级区、水资源二级区、水资源一级区）进行净用水量汇总分析。并考虑各种输水损失，进行计算单元毛用水量推算，以及行政分区和水资源分区毛用水量的汇总。

（5）区域供用水量成果检验。各省级水利普查机构将经过区域间引入引出水量平衡分析、供水系统内取供用水水量平衡分析、区域供用水平衡分析，进行成果的合理性检验，将供水量与用水量差异在±5％以内的成果上报到中央和流域水利普查机构。中央和流域水利普查机构分别按行政分区和流域分区进行汇总，并进行区域间的用水量及用水指标协调分析，最终形成全国统一的经济社会用水情况调查成果。

3．汇总分区

经济社会用水量是水资源规划和水资源管理的基础，是水资源配置的基础平台，也是政府实施最严格水资源管理和有效保护的基本依据。为满足流域管理与区域管理相结合的管理需要，为国家宏观发展规划提供数据支撑，本次普查按照水资源分区、行政分区、《全国主体功能区规划》中的重要经济区、粮食主产区、重要能源基地等分区，分别汇总统计分析其用水量以及相关用水状况。

（1）水资源分区。本次水利普查以县级行政区为工作单元进行普查数据的采集、录入和汇总，为了满足普查成果按照行政分区和水资源分区汇总要求，基于全国水资源综合规划1：25万地图制作的地级行政区套水资源三级区成果，利用最新的1：5万国家基础地理信息图，制作形成了1：5万县级行政区套水资源三级区成果，形成县级行政区套水资源三级区共4188个计算单元。全国水资源分区详见附图C1，水资源一级区、二级区和三级区情况详见附表A1。

以水资源一级分区为基础，按气候特性和自然地理条件划分我国南北方范围，南方4区包括长江区、东南诸河区、珠江区和西南诸河区；北方6区包括松花江区、辽河区、海河区、黄河区、淮河区和西北诸河区。

（2）行政分区。本次普查数据按照31个省级行政分区（未含香港特别行政区、澳门特别行政区和台湾省），332个地级行政区和2853个县级行政区进行汇总，并按自然地理状况、经济社会条件，对东、中、西部地区进行分析。

东、中、西部省区划分：东部省区包括北京、天津、河北、辽宁、山东、上海、江苏、浙江、福建、广东、海南等11省（直辖市）；中部省区包括安徽、江西、湖北、湖南、山西、吉林、黑龙江、河南等8省；西部省区包括广西、内蒙古、四川、重庆、贵州、云南、西藏、陕西、甘肃、青海、宁夏、新疆等12省（自治区、直辖市）。6大片区划分为华北地区、东北地区、华东地区、中南地区、西南地区和西北地区6大区域。华北地区包括北京、天津、河北、山西和内蒙古；东北地区包括辽宁、吉林和黑龙江；华东地区包括上海、江苏、浙江、安徽、福建、江西和山东；中南地区包括河南、湖北、湖南、广东、广西和海南；西南地区包括：重庆、四川、贵州、云南和西藏；西北地区包括：陕西、甘肃、青海、宁夏、新疆。

（3）重点区域。依据《全国主体功能区规划》，根据《全国水中长期供求规划》确定的重要经济区（城市群）、粮食主产区及重要能源基地范围，汇总形成了重点区域的普查成果。

重要经济区：依据《全国主体功能区规划》中确定的全国"两横三纵"城市化战略格局，包括环渤海地区、长江三角洲地区、珠江三角洲地区3个国家级优先开发区域和冀中南地区、太原城市群等18个国家层面重点开发区域，全国共有21个重要经济区，其中4个重要经济区又进行了重点区域的划分，形成了27个重点区域。这27个重点区域涉及全国31个省级行政区的212个地级行政区，由1754个县级行政区组成。全国重要经济区涉及的行政区情况详见附表A2。

重点能源基地：随着我国城市化、工业化和农业现代化的深入发展，经济社会发展的能源需求增长十分迅速，为此，《全国主体功能区规划》明确了我国能源开发的布局，重点在能源资源富集的山西、鄂尔多斯盆地、西南、东北和新疆等地区建设能源基地，形成以"五片一带"为主体，以点状分布的新能源基地为补充的能源开发布局框架。为适应能源工业发展和水资源供求状况的新变化，保障国家能源安全，着力解决能源基地水资源安全保障问题，结合国务院批复的相关规划综合确定，全国共划分 5 个片区 17 个重点能源基地。这17 个重点能源基地涉及 11 个省级行政区的 257 个县级行政区。重点能源基地主要分布在北方地区，主要产品类型以煤炭开采、石油开采、天然气开采为主。全国重点能源基地涉及的行政区情况详见附表 A3。

粮食主产区：随着气候变化和人类经济活动的共同影响，我国水资源分布与经济社会发展格局不相匹配的矛盾进一步加剧，加之我国人口不断增加和保障国家粮食安全要求进一步提高，对保障粮食主产区用水安全提出了更高的要求。为此，《全国主体功能区规划》明确了以东北平原、黄淮海平原、长江流域、汾渭平原、河套灌区、华南和甘肃新疆等农产品主产区为主体，以基本农田为基础，以其他农业地区为重要组成的"七区二十三带"的农业战略格局。为了保持农业稳定发展、保障国家粮食安全、促进农民持续增收，结合《全国主体功能区规划》《全国新增 1000 亿斤粮食生产能力规划（2009—2020 年）》和《现代农业发展规划（2011—2015 年）》等，确定了东北平原、黄淮海平原、长江流域、汾渭平原、河套灌区、华南主产区以及甘肃新疆等 7 个片区并进一步划分为 17 个重点产业带，涉及 26 个省级行政区，221 个地级行政区，898 个县级行政区。全国粮食主产区涉及的行政区情况详见附表 A4。

4. 用水行业分类

《国民经济行业分类》（GB/T 4754—2002）将我国国民经济划分为 20 个门类，95 个大类，396 个中类和 913 个小类。第一产业即传统意义上的农业（A）；第二产业即通常所说的工业（B、C、D）和建筑业（E）；第三产业即除去第一、第二产业以外的所有其他行业，广义上称为"服务业"。本次经济社会用水调查的行业分类主要参考该分类，并根据各行业用水特点进行划分，详见附表 A5。

农业用水量主要统计农业门类（代码为 A）用水量，包含 01～05 大类用水，细分为：①耕地灌溉用水量，包括农业（大类代码：01）和农、林、牧、渔服务业（大类代码：05）用水量；②非耕地灌溉用水量，包括林业（大类代码：02）和渔业（大类代码：04）用水量；③畜禽养殖用水量，主要为畜牧业养殖（大类代码：05）用水量。

工业用水量主要统计 38 个工业大类（大类代码区间为 06～45）的用水

量，根据不同行业用水特点细分为：①火（核）电工业用水量，主要是电力、热力的生产和供应业（大类代码：44）用水量，其中，水力发电企业的用水量属于河道内用水，不列入统计范围；②高用水工业用水量，包括食品制造业、饮料制造业、纺织业、造纸及纸制品业、石油加工、炼焦及核燃料加工业、化学原料及化学制品制造业、医药制造业、化学纤维制造业、黑色金属冶炼及压延加工业、有色金属冶炼及压延加工业等行业用水量；③一般工业用水量，包括除电力热力的生产和供应业、水的生产和供应业以及高用水工业以外的采矿业和其他制造业的用水量；④公共供水企业用水量，主要包括水的生产和供应业（代码为46）用水量，统计其用水量主要用于计算输水损失和用水量校核。

生活用水量包括居民生活、建筑业和第三产业用水量。其中，居民生活用水细分为城镇居民用水和农村居民用水，分别统计城镇和农村居民的生活用水量。建筑业用水量主要统计建筑业门类（代码为 E，包含 47～50 大类）的用水量。第三产业用水量主要统计第三产业（包括 15 个门类，门类代码为 F～T，共 47 个大类）的用水量，细分为住宿餐饮业和其他第三产业两类用水量。

（六）用水量复核

采取多种方法复核用水量统计的准确性。通过检查统计工作的过程，复核数据来源和推算结果的可靠性；通过供用水量平衡分析，复核用水总量的完整性。

1. 用水调查数据复核

采取逐级审核的方式对调查表数据进行详细审核。审核方法包括表内审核、表间审核、跨专业关联审核等。根据各类调查对象特点，开展调查数据的一致性、完整性、逻辑性、合理性、真实性等方面审核。参考当地统计部门有关取用水户 2011 年的月度、季度或年度生产经营统计资料，对取用水台账数据进行审核，并分析取用水量、用水水平、全年用水过程的合理性。

根据各类调查对象特点，采取汇总数据合理性审核、跨专业汇总数据关联审核、相关资料对比审核等方式，逐级开展普查数据汇总审核。各级水利普查机构在汇总过程中对普查数据的审核严格把关，采用普查软件审核与专家人工审核相结合的方式，既保证数据审核过程的科学性、严密性，又充分借助专家经验诊断数据的合理性。

2. 区域供用水量平衡分析

供水量和用水量从供、用水两个方面反映水资源开发利用情况，可通过获取供水量信息来检查用水量数据是否正确。在同一区域内，供水总量与用水总量应基本相等。若两者差异较大，则分别从供水量和用水量两个方面查找原因，对不正确水量数据进行必要的修正，以保证数据的准确性。

首先，利用河湖开发治理保护情况普查中的河湖取水口普查成果，分析汇总区域河湖取水口的供水量，并对其他地表水供水量进行调查估算，核定地表水总供水量。利用地下水取水井普查成果，分析汇总与核定区域地下水供水量。同时进行非常规水源供水量统计。并考虑区域间调入调出供水量，汇总获得 2011 年计算单元供水量。然后与计算单元的用水量，以县级行政区套水资源三级区为水量平衡单元，进行供用水量平衡分析。对于两者差距较大的，分别对供水量和用水量再次进行合理性分析，复核供水量和用水量；直至两者差异在±5%以内，最后形成供水量与毛用水量成果。

3. 流域水量平衡分析

一个流域的水资源量存在一定的平衡关系，因此根据 2011 年流域的水资源产水量、耗水量、入境水量、出境水量、蓄变量，进行水量平衡分析，检验供用水量成果的合理性。

第四节　主　要　成　果

经过对全国 83 万多个用水户的用水调查和数据复核，并结合区域经济社会指标整理分析，以及各地区供水情况的调查成果，以县级行政区套水资源三级区为计算单元分析计算各行业用水量，并进行供、用水水量平衡检验分析，最终获得全国、省级行政区、水资源一级区的供用水量成果。

2011 年全国总用水量为 6213.29 亿 m³。其中，生活用水 735.67 亿 m³，工业用水 1202.99 亿 m³，农业用水 4168.22 亿 m³，生态环境用水 106.41 亿 m³，分别占总用水量的 11.8%、19.4%、67.1%和 1.7%。南方 4 区用水量占全国总用水量的 54.4%，北方 6 区用水量占全国总用水量的 45.6%。南方 4 区用水量中，生活用水、工业用水、农业用水、生态环境用水分别占其总用水量的 14.8%、26.0%、58.1%、1.1%；北方 6 区用水量中，生活用水、工业用水、农业用水、生态环境用水分别占其总用水量的 8.3%、11.5%、77.7%、2.5%。

2011 年全国平均用水强度（单位面积用水量）为 6.56 万 m³/km²，东、中、西部地区用水强度分别为 20.81 万 m³/km²、12.26 万 m³/km²、2.89 万 m³/km²，用水强度总体呈现由东至西逐步递减的趋势。

全国生活用水量中，城镇居民生活用水量 297.64 亿 m³，农村居民生活用水量 176.01 亿 m³，建筑业用水量 19.90 亿 m³，第三产业用水量 242.12 亿 m³，分别占生活用水量的 40.5%、23.9%、2.7%和 32.9%。南方 4 区生活用水量占全国生活用水量的 67.8%，北方 6 区生活用水量占全国生活用水量的 32.2%。

全国工业用水量中，火（核）电用水量 529.93 亿 m³，高用水工业用水量 334.53 亿 m³，一般用水工业用水量 338.53 亿 m³，分别占工业用水量的 44.1%、27.8% 和 28.1%。南方 4 区工业用水量占全国工业用水量的 73.0%，北方 6 区工业用水量占全国工业用水量的 27.0%。从用水大户和非用水大户看，工业企业用水大户用水量占全部工业用水量的 66.6%，非用水大户用水量占全部工业用水量的 33.4%。

全国农业用水量中，耕地灌溉用水量 3792.19 亿 m³，非耕地灌溉用水量 265.62 亿 m³，畜禽养殖用水量 110.41 亿 m³，分别占农业用水量的 91.0%、6.4% 和 2.6%。南方 4 区农业用水量占全国农业用水量的 47.1%，北方 6 区农业用水量占全国农业用水量的 52.9%。从灌区规模看，大、中型灌区用水量占全部灌溉用水量的 57.5%，小型灌区用水量占全部灌溉用水量的 42.5%。

全国河道外生态环境用水量中，城镇环境用水量 35.86 亿 m³，河湖生态补水量 70.55 亿 m³，分别占河道外生态环境用水量的 33.7% 和 66.3%。南方 4 区生态环境用水量占全国生态环境用水量的 34.2%，北方 6 区生态环境用水量占全国生态环境用水量的 65.8%。

2011 年全国人均综合用水量为 461 m³。其中，南方 4 区人均综合用水量 464m³，北方 6 区人均综合用水量 463m³，南北方基本持平。从东、中、西部地区看，人均综合用水量分别为 400m³、483m³、538m³，中部地区大于东部地区，西部地区大于中部地区。

2011 年全国平均城镇居民生活人均日用水量为 118L，从南、北方及东、中、西部地区看，城镇居民生活人均日用水量差异显著，南方 4 区城镇居民生活人均日用水量为 145L，北方 6 区城镇居民生活人均日用水量为 84L，东、中、西部地区城镇居民生活人均日用水量分别为 127L、106L、112L。2011 年全国平均农村居民生活人均日用水量为 73L，南方 4 区农村居民生活人均日用水量为 90L，北方 6 区农村居民生活人均日用水量为 57L，东、中、西部地区农村居民生活人均日用水量分别为 88L、77L、64L。

2011 年全国万元地区生产总值用水量为 131m³（按当年价格计算），南方 4 区与北方 6 区的万元地区生产总值用水量均为 119m³。从东、中、西部地区看，万元地区生产总值用水量分别为 76m³、160m³ 和 194m³，呈现东部高、西部低的特点。2011 年全国万元工业增加值用水量为 63.8m³。其中，南方 4 区为 70.7m³；北方 6 区为 30.2m³。从东、中、西部地区看，工业万元增加值用水量分别为 46.5m³、69.8m³、43.3m³。

2011 年全国耕地灌溉亩均用水量为 466m³，其中，南方 4 区和北方 6 区的耕地灌溉亩均用水量分别为 605m³ 和 385m³；东、中、西部耕地灌溉亩均用水量分别为 436m³、414m³ 和 567m³。

2011 年全国总供水量为 6197.08 亿 m³，水资源开发利用率为 22.5%，其中地表水供水量 5029.22 亿 m³，地下水供水量 1081.25 亿 m³，非常规水源供水量 86.61 亿 m³，分别占总供水量的 81.2%、17.4% 和 1.4%。从供水量分布看，南方 4 区供水量 3368.82 亿 m³，占全国总供水量的 54.4%，水资源开发利用率为 15.4%；北方 6 区供水量 2828.26 亿 m³，占全国总供水量的 45.6%，水资源开发利用率为 52.9%。南方 4 区地表水供水量占其总供水量的 95.5%，地下水供水量占 3.5%，非常规水源供水量占 1.0%；北方 6 区地表水供水量占其总供水量的 64.1%，地下水供水量占 34.1%，非常规水源供水量占 1.8%。其中，海河区、辽河区和松花江区地下水供水量所占比例均很高，分别为 61.3%、50.1% 和 40.9%；黄河区、淮河区和西北诸河区的地下水供水量所占比例在 21%～29%；其他水资源一级区地下水供水量所占比例在 4% 以下。

第二章 居民生活用水

居民生活用水包括城镇居民生活用水和农村居民生活用水。本章主要介绍居民生活用水调查方法、典型居民家庭用水调查结果、以及城乡居民生活用水量调查成果。

第一节 典型用水户用水调查

居民生活用水典型调查采用系统抽样方法选取城镇和农村典型居民家庭户作为调查对象，所有调查对象均进行逐月用水计量，获得其年用水量，并汇总分析区域调查对象居民生活人均日用水量作为推算本区域全口径居民生活用水量的基础。

一、调查方法

（一）典型用水户确定

居民生活用水涉及面广，人员众多，无法进行逐一清查，本次普查采用抽样调查的方法进行。城镇和农村居民生活用水调查对象均为居民家庭住户。居民生活用水抽样调查根据统计学抽样方法，在保证一定精度的情况下，确定各县级行政区典型居民生活用水户调查数量为 100 户。

本次普查城镇的范围包括街道和镇区两部分，农村是指城镇以外的区域。居住在街道和镇区的人口视为城镇居民，居住在农村区域（不含镇区）的人口视为农村居民。城镇居民和农村居民样本数量依据该县级行政区的城镇化水平进行分配，即按城乡人口比例确定。本次城镇和农村居民典型用水户采用选取街道（镇区）和乡镇、居委会和村委会、典型居民生活用水户三级单元，并与人口规模相对应的系统抽样方法确定。典型居民生活用水户样本分配见表 2 - 1 - 1。

（二）用水户数据获取

居民家庭生活用水调查的主要指标包括 2011 年户籍人口、常住人口、不同水源居民家庭用水量等。家庭户籍人口和常住人口通过入户调查询问获取，居民家庭生活用水量数据按有无水表计量分别记录获取。有水表计量的居民住户用水量，以年初和年末水表读数的差值计算年用水量。当用水户有多个水表记录不同水源的用水量时，同时记录各水表年初和年末的读数，统计全部水源的用水量。无水表计量的居民住户用水量，选择夏季（7月份）和冬季（12月份）各一周的日取水量记录数据推算各月用水量，并以7月份的数据推算6—9月份的月用水量，以12月份的数据推算1—5月份和10—12月份的月用水量，或根据当地实际情况确定夏季和冬季的调查时段及其推算方法。日取水量采用计量容器计量，或通过取水时间、取水耗电量、取水或蓄水容器体积等参数估算。

表 2 - 1 - 1　　　　　　　　　　居民生活用水户样本分配

城市化水平＼抽样单元	一级单元数/个		二级单元数/个		三级单元数/户	
	街道及镇区	乡镇	居委会	村委会	城镇居民户	农村居民户
90%（含）以上	5	0	10	0	100	0
70%（含）～90%	4	1	8	2	80	20
50%（含）～70%	3	2	6	4	60	40
30%（含）～50%	2	3	4	6	40	60
10%（含）～30%	1	4	2	8	20	80
10%以下	0	5	0	10	0	100
合计	5		10		100	

二、城镇居民生活典型用水户调查

（一）调查对象数量

本次普查全国共调查城镇典型居民用水户119637户，其中，东、中、西部地区分别为41160户、43355户和35122户。各省级行政区中，黑龙江、河南、广东、河北、江苏等5省的城镇典型居民用水调查户数量较多，均超过6000户；西藏、海南、上海、宁夏、天津等5省（自治区、直辖市）的城镇典型居民用水调查户数量较少，均少于1000户。

全国平均每个县级行政区城镇典型居民家庭生活用水的调查对象在13～92个，平均为42户。其中，北京、黑龙江、江苏、广东、辽宁、内蒙古等6个省（自治区、直辖市）较多，超过50户；西藏、贵州、云南、广西、四川等5个省（自治区）较少，少于30户。全国东、中、西部地区城镇典型居民家庭生活用水调查对象数量见表2-1-2，各省级行政区城镇典型居民家庭生活用水调查对象数量详见附表A6，平均每个县级行政区城镇典型居民家庭生活用水调查对象数量见图2-1-1。

表 2-1-2　　　　　城镇典型居民家庭生活用水调查对象数量

行政区名称	居民调查对象总数量/户	城镇居民调查对象数量/户	城镇居民调查对象数量所占比例/%	平均每个县级行政区调查对象数量/户
全国	299095	119637	40	42
东部地区	91570	41160	45	51
中部地区	97297	43355	45	48
西部地区	110228	35122	32	34

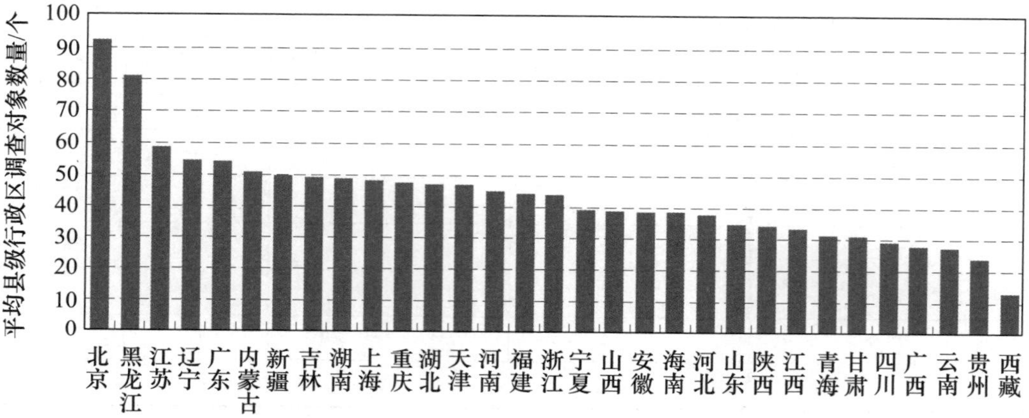

图 2-1-1　平均每个县级行政区城镇典型居民家庭生活用水调查对象数量

（二）调查对象住房类型

本次普查选取的典型城镇居民用水户调查对象中各类住房类型户数所占比例与其用水量所占比例较为接近。单元式住宅典型用水户占城镇调查总户数的78.3%，占调查对象总用水量的79.2%；平房式住宅典型用水户占调查对象总户数的18.4%，占调查对象总用水量的16.1%；别墅和其他住房类型典型用水户所占比例较小。东部地区单元式住宅和平房占城镇调查对象总户数的比例分别为82.0%和14.7%，占调查对象总用水量的比例分别为81.7%和13.2%；中部地区单元式住宅和平房占城镇调查对象总户数的比例分别为75.8%和21.1%，占调查对象总用水量的比例分别为78.2%和17.9%；西部地区单元式住宅和平房占城镇调查对象总户数的比例分别为77.1%和19.4%，占调查对象总用水量的比例分别为77.0%和17.8%。全国城镇不同住房类型调查对象户数、用水量所占比例见图2-1-2，不同地区城镇调查对象住房类型情况见表2-1-3。

表 2-1-3　　　　　　　　　不同地区城镇调查对象住房类型情况

行政区名称	调查对象户数/户				调查对象家庭生活年用水量/万 t			
	单元式住宅	平房	别墅	其他	单元式住宅	平房	别墅	其他
全国	93697	22018	1461	2461	1026.3	207.7	23.6	37.0
东部地区	33747	6043	642	728	416.7	67.5	11.5	14.4
中部地区	32873	9162	516	804	345.4	79.2	7.2	9.7
西部地区	27077	6813	303	929	264.2	61.0	4.9	12.9

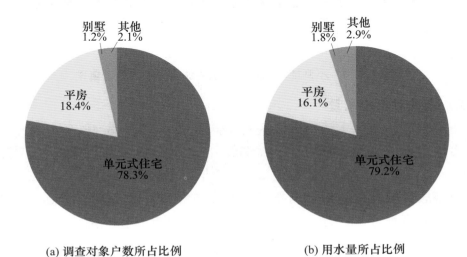

(a) 调查对象户数所占比例　　　　　　(b) 用水量所占比例

图 2-1-2　全国城镇不同住房类型调查对象户数和用水量所占比例

(三) 调查对象用水计量情况

根据汇总结果，全国城镇调查对象数量水表计量率（有水表计量户数与总户数之比）和用水量水表计量率（有水表计量户用水量与总用水量之比）分别为 91.3% 和 93.6%。其中，东部地区户计量率和用水量水表计量率分别为 95.7% 和 96.5%，中部地区分别为 91.0% 和 91.3%，西部地区分别为 87.4% 和 88.2%。不同地区城镇居民生活调查对象水表计量情况详见表 2-1-4 和图 2-1-3。

表 2-1-4　　不同地区城镇居民生活调查对象用水量水表计量率

行政区名称	调查对象数量水表计量率/%	调查对象用水量水表计量率/%
全国	91.3	93.6
东部地区	95.7	96.5
中部地区	91.0	91.3
西部地区	87.4	88.2

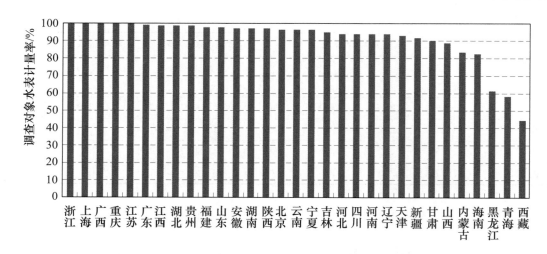

图 2-1-3　不同地区城镇居民生活调查对象水表计量率

（四）调查对象用水量

城镇典型居民家庭生活用水调查对象涉及常住人口 38.66 万人，占全国居民家庭生活用水调查对象涉及人口的 36.5%；城镇典型居民家庭生活用水量 1295 万 m³，占全国调查对象居民家庭生活年用水量的 45.3%。其中，东部地区城镇典型居民家庭生活用水调查对象涉及的常住人口 13.89 万人，城镇典型居民家庭生活用水量 510 万 m³；中部地区城镇典型居民家庭生活用水调查对象涉及的常住人口 13.59 万人，城镇典型居民家庭生活用水量 442 万 m³；西部地区城镇典型居民家庭生活用水调查对象涉及的常住人口 11.18 万，城镇典型居民家庭生活用水量 343 万 m³。

各省级行政区中，城镇典型居民家庭生活用水调查对象涉及的常住人口较多的为黑龙江、广东、河南、河北、湖南、江苏等 6 省，均超过 2 万人。城镇典型居民家庭生活用水调查对象年用水量较大的为广东、湖南、江苏、福建、黑龙江、河南、四川等 7 省，均超过 60 万 m³。各省级行政区城镇典型居民家庭常住人口及用水量详见附表 A6。

（五）调查对象用水指标

全国平均城镇典型居民家庭生活人均日用水量为 91.8L，东部地区、中部地区和西部地区城镇典型居民家庭生活人均日用水量分别为 100.7L、89.1L 和 84.0L。各省级行政区城镇典型居民家庭生活人均日用水量范围在 55.7～145.5L，最高为海南省，最低为青海省。城镇典型居民家庭生活人均日用水量高于全国平均值的省级行政区有 14 个，主要集中在南方丰水地区或经济较发达地区，其中，海南、广东、广西、福建、江西以及重庆等省（直辖市）的居民家庭生活人均日用水量都在 120L 以上。城镇典型居民家庭生活人均日用水量低于全国平均值的省份有17个，主要集中在西北、华北等北方缺水地区，其中青海、宁夏和内蒙古在60L以下。各省级行政区城镇典型居民家庭生活人均日用水量详见图2-1-4。从不同住房类型的用水指标来看，别墅的居民生活用水指标较高，其次为单元式住宅和其他类型，平房较低。

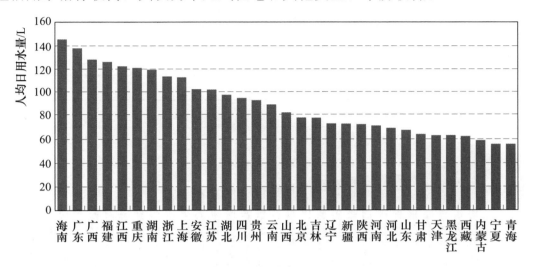

图2-1-4　各省级行政区城镇典型居民家庭生活人均日用水量

三、农村居民生活典型用水户调查

（一）调查对象数量

本次普查全国共调查农村典型居民用水户179458户，其中，东、中、西部地区分别为50410户、53942户和75106户。各省级行政区中，四川、河北、河南、云南、山东等省的农村典型居民用水调查户数量较多，均超过8000户；上海、北京、天津等直辖市的农村典型居民用水调查户数量较少，均少于3000户。

全国平均每个县级行政区农村居民家庭生活用水的调查对象63户，各省（自治区、直辖市）平均县级行政区的农村居民生活用水调查对象数量在18~89个。其中，西藏、贵州、云南、青海、甘肃、河北等6个省（自治区）较多，超过70户；北京市和上海市较少，少于30户。我国东、中、西部地区农村典型居民家庭生活用水调查对象数量见表2-1-5，各省级行政区农村典型居民家庭生活用水调查对象数量详见附表A6，平均每个县级行政区农村典型居民家庭生活用水调查对象数量见图2-1-5。

（二）调查对象住房类型

全国农村典型居民家庭生活用水调查对象中住房类型所占比例最大的是平

表 2 - 1 - 5　　　　　　农村典型居民家庭生活用水调查对象数量

行政区名称	居民调查 对象总数量 /户	农村居民调查 对象数量 /户	农村居民调查对象 数量所占比例 /％	平均每个县级行政区 调查对象数量 /户
全国	299095	179458	60	63
东部地区	91570	50410	55	50
中部地区	97297	53942	55	56
西部地区	110228	75106	68	69

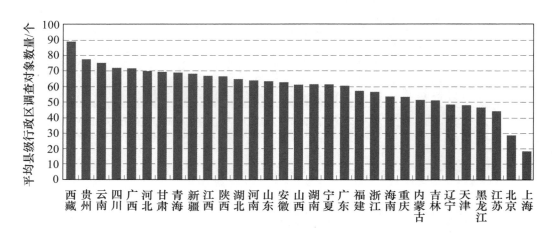

图 2 - 1 - 5　平均每个县级行政区农村典型居民家庭生活用水调查对象数量

房，占农村调查对象总户数的 64.4％，占调查对象总用水量的 55.2％；其次是单元式住宅，户数占 27.1％，用水量占 35.5％；别墅和其他住房类型所占比例较小。对于东部地区，平房和单元式住宅占农村调查对象总户数的比例分别为 67.5％和 26.7％，占调查对象总用水量的比例分别为 53.6％和 38.8％；对于中部地区，平房和单元式住宅占农村调查对象总户数的比例分别为 60.7％和 32.3％，占调查对象总用水量的比例分别为 53.3％和 39.7％；对于西部地区，平房和单元式住宅占农村调查对象总户数的比例分别为 64.9％和 23.8％，占调查对象总用水量的比例分别为 58.0％和 29.7％。全国农村调查对象不同住房类型户数和用水量所占比例见图 2 - 1 - 6，不同地区农村调查对象住房类型情况见表 2 - 1 - 6。

（三）调查对象用水计量情况

根据汇总结果，全国农村调查对象数量水表计量率和用水量水表计量率分别为 58.5％和 62.6％。其中，东部地区农村调查对象数量水表计量率和用水量水表计量率分别为 74.3％和 74.2％，中部地区分别为 47.1％和 46.8％，西部地区分别为 55.2% 和 55.8%。不同地区农村居民生活调查对象用水计量情况详见表 2-1-7。

表 2-1-6　　　　　　　不同地区农村调查对象住房类型情况

行政区名称	调查对象户数/户				调查对象家庭生活年用水量/万 t			
	单元式住宅	平房	别墅	其他	单元式住宅	平房	别墅	其他
全国	48708	115525	1294	13931	554.5	862.6	15.0	129.9
东部地区	13454	34005	498	2453	189.5	261.7	7.0	30.3
中部地区	17409	32755	693	3085	183.8	246.9	7.0	25.3
西部地区	17845	48765	103	8393	181.2	354.0	1.0	74.3

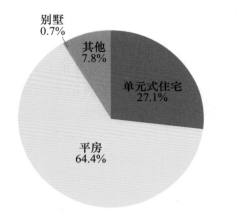

(a) 不同住房类型户数所占比例

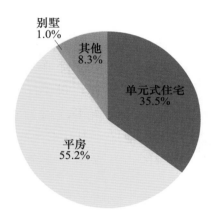

(b) 不同住房类型用水量所占比例

图 2-1-6　全国农村调查对象不同住房类型户数和用水量所占比例

表 2-1-7　　不同地区农村居民生活调查对象用水量水表计量率

行政区名称	调查对象数量水表计量率/%	调查对象用水量水表计量率/%
全国	58.5	62.6
东部地区	74.3	74.2
中部地区	47.1	46.8
西部地区	55.2	55.8

（四）调查对象用水量

农村典型居民家庭生活用水调查对象涉及的常住人口 67.12 万人，占全国居民家庭生活用水调查对象涉及人口的 63.5%；农村典型居民家庭生活用水量 1562 万 m³，占全国调查对象家庭生活年用水量的 54.7%。其中，东部地区农村典型居民家庭生活用水调查对象涉及的常住人口 18.59 万人，农村典型居民家庭生活用水量 489 万 m³；中部地区农村典型居民家庭生活用水调查对象涉及的常住人口 19.32 万人，农村典型居民家庭生活用水量 463 万 m³；西部地区农村典型居民家庭生活用水调查对象涉及的常住人口 29.20 万，农村典型居民家庭生活用水量 611 万 m³。

各省级行政区中，农村典型居民家庭生活用水调查对象涉及的常住人口较多的为四川、河北、云南、河南、广东、西藏、广西等 7 省（自治区），均超过 3 万人。农村典型居民家庭生活用水调查对象年用水量较大的为四川、广东、广西、云南、湖南、江西等 6 省（自治区），均超过 80 万 m³。各省级行政区农村典型居民家庭常住人口及用水量详见附表 A6。

（五）调查对象用水指标

全国平均农村典型居民家庭生活人均日用水量为 63.8L，东部地区、中部地区和西部地区农村典型居民家庭生活人均日用水量分别为 72.0L、65.6L 和 57.3L。各省级行政区农村典型居民家庭生活人均日用水量范围在 28.6～104L，最高的为广东省，最低的为宁夏回族自治区。农村典型居民家庭生活人均日用水量高于全国平均值的省级行政区有 15 个，主要集中在南方丰水地区或经济较发达地区，其中广东、福建、浙江、上海、海南、湖南、广西和江西等省（自治区、直辖市）的居民家庭生活人均日用水量均在 80L 以上。低于全国平均值的省份有 16 个，主要集中在西北、华北、东北等北方缺水地区，其中宁夏、青海、甘肃和内蒙古在 30L 左右。省级行政区农村典型居民家庭生活人均日用水量详见图 2-1-7。从不同住房类型的用水指标来看，别墅的用水指标与单元式住宅接近，单元式住宅普遍大于平房。

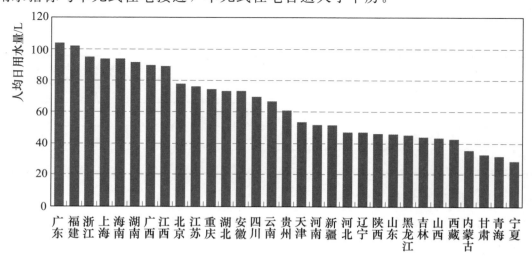

图 2-1-7　各省级行政区农村典型居民家庭生活人均日用水量

第二节 全口径居民生活用水量

以城镇和农村典型居民家庭用水调查成果为基础，合理确定计算单元的居民生活人均用水量，并根据计算单元的常住人口推算居民生活全口径净用水量，利用公共供水企业输水损失数据，获得居民生活全口径毛用水量，汇总形成水资源分区和行政分区的城镇和农村居民生活用水量。

一、计算方法

（一）居民生活用水指标确定

通过对典型调查对象用水指标成果的分析，并与已发布的用水定额标准、相邻区域用水指标及以往用水调查统计成果对比，确定各县级行政区城镇和农村地区全口径居民生活用水量的用水指标推算采用值。

1. 典型计算值

以县级行政区为单元，剔除调查对象中的无效样本，汇总计算城镇和农村典型调查对象居民生活人均用水量指标。各县级行政区居民生活人均日用水量典型计算值按下式计算：

$$居民生活人均日用水量(L) = \frac{1000 \times 典型居民家庭年用水量合计(m^3)}{典型居民家庭常住人口合计(人) \times 365}$$

本次普查居民生活典型用水户调查质量控制较好，全国典型居民生活用水调查无效样本很少，样本采用率达98%。各省级行政区城镇居民生活用水调查样本采用率一般在95%～100%，农村居民生活用水调查样本采用率在94%～100%。

2. 推算采用值

推算采用值可视具体情况选择不同的方法确定。一般直接将县级行政区汇总的典型计算值作为各县2011年城镇和农村居民人均日用水量的推算采用值。同一个县级行政区内不同水资源三级区的城镇和农村居民人均日用水量分别采用同一数值。当某一区县的城镇化率很高或很低，进而导致抽样未选择乡村居民典型户或城镇居民典型户时，其居民人均日用水量推算采用值则以周边条件相似区县的数值代替。

此外，还有按典型居民家庭用水调查表计算不同住房类型居民人均日用水量，再以当地各类住房类型的数量为权重，加权计算城镇和农村居民人均日用水量作为推算采用值。也有将该县级行政区典型居民家庭用水户人均日用水量的算术平均值或中值作为城镇和农村居民人均日用水量的推算采用值，或考虑县际间的差异合理性确定城镇和农村居民人均日用水量的推算采用值。

（二）全口径用水量推算

1. 净用水量计算

首先，以典型调查对象的用水调查成果为基础，通过汇总与分析，确定居民生活用水指标的推算采用值，然后结合各计算单元的常住人口，分析推算各计算单元的全口径城镇和农村居民生活净用水量。全口径城镇和农村居民生活净用水量按下式计算：

计算单元城镇居民生活净用水量（万 m^3）

＝计算单元城镇常住人口（万人）×城镇居民生活人均日用水量（L）

×365/1000

计算单元农村居民生活净用水量（万 m^3）

＝计算单元农村常住人口（万人）×农村居民生活人均日用水量（L）

×365/1000

上两式中，各计算单元的城镇和农村常住人口采用从同级统计主管部门获取的人口数据。城镇和农村居民生活人均日用水量采用典型调查后确定的居民生活人均日用水量推算采用值。

2. 毛用水量计算

居民生活毛用水量包括净用水量和输水损失两部分。输水损失包括公共供水管网的输水损失以及从水源取水口至水厂间的输水损失。居民生活用水输水损失按其使用自来水所分摊的输水损失计算。其分摊比例采用公共供水企业居民家庭售水量占其售水总量的比例。

居民生活用水输水损失＝（供水跨县输水损失＋公共供水业管网输水损失）

$$\times \frac{公共供水业居民家庭售水量}{公共供水业售水总量}$$

供水跨县输水损失根据河湖取水口和地下水水源地普查中相应公共供水企业取水口取水量与经济社会用水调查中的公共供水企业取水量的差值计算。公共供水业管网输水损失根据公共供水企业用水调查成果中的取水量与售水量差值计算。

二、城镇居民生活用水量

（一）城镇居民生活净用水量

根据县级行政区套水资源三级区城镇居民生活净用水量汇总，2011 年全国城镇居民生活净用水量为 230.95 亿 m^3，占全国居民生活净用水量的 57.2%。南方 4 区城镇居民生活净用水量为 155.73 亿 m^3，占全国城镇居民生活净用水量的 67.4%；北方 6 区城镇居民生活净用水量为 75.22 亿 m³，占全国城镇居民生活净用水量的 32.6%。在各水资源一级区中，城镇居民生活净用水量最大的是长江区，为 83.49 亿 m³；其次，珠江区的城镇居民生活净用水量也较大，达到了 49.96 亿 m³；最小的是西南诸河区，仅为 1.94 亿 m³。各水资源一级区城镇居民生活净用水量详见表 2-2-1。

表 2-2-1　　　　　各水资源一级区城镇居民生活用水量

水资源一级区	净用水量/亿 m³	毛用水量/亿 m³	输水损失率/%
全国	230.95	297.64	23.0
北方 6 区	75.22	95.57	22.2
南方 4 区	155.73	202.07	23.4
松花江区	8.17	11.15	27.8
辽河区	7.66	11.32	33.6
海河区	20.08	24.20	17.8
黄河区	13.45	17.53	24.0
淮河区	22.29	26.84	17.5
长江区	83.49	111.25	25.3
其中：太湖流域	18.34	25.81	29.8
东南诸河区	20.33	25.09	19.5
珠江区	49.96	63.26	21.7
西南诸河区	1.94	2.47	20.2
西北诸河区	3.58	4.54	24.2

从行政分区看，东部地区城镇居民生活净用水量 120.51 亿 m³，占全国城镇居民生活净用水量的 52.2%；中部地区城镇居民生活净用水量 60.47 亿 m³，占全国的 26.2%；西部地区城镇居民生活净用水量 49.97 亿 m³，占全国的 21.6%。各省级行政区中，城镇居民生活净用水量最大的是广东省，为 36.4 亿 m³；江苏、浙江、四川、湖南和福建等省的城镇居民生活净用水量也都在 10 亿 m³ 以上；最小的为西藏自治区，仅为 0.3 亿 m³。各省级行政区城镇居民生活净用水量详见图 2-2-1。

（二）输水损失

根据对城镇公共供水企业和相应取水口的调查分析，全国城镇居民生活用水从水源取水口到居民用户的输水损失率为 23.0%。其中，南方 4 区城镇居民生活用水输水损失率为 23.4%，北方 6 区为 22.2%。各水资源一级区城镇居民生活用水输水损失率在 17.5%~33.6%，最大的为辽河区，最小的为淮

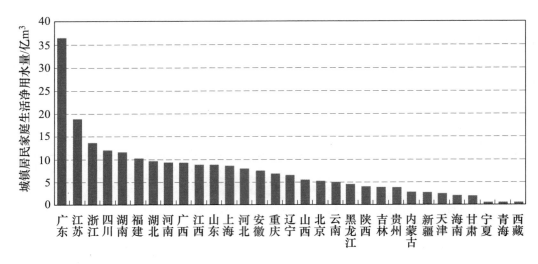

图 2-2-1　各省级行政区城镇居民生活净用水量

河区。各水资源一级区城镇居民生活用水输水损失率详见图 2-2-2。

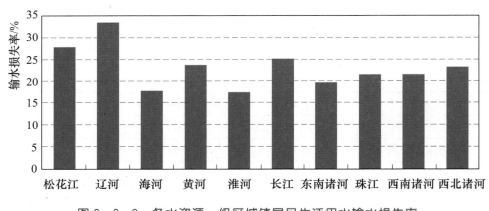

图 2-2-2　各水资源一级区城镇居民生活用水输水损失率

从行政分区看，东、中、西部地区城镇居民生活用水输水损失率分别为 23.6%、22.4% 和 22.2%。各省级行政区城镇居民生活用水输水损失率在 13.2% ～ 34.6%，最大的为辽宁省，最小的为河北省。各省级行政区城镇居民生活用水输水损失率详见图 2-2-3。

（三）城镇居民生活毛用水量

经过县级行政区套水资源三级区供用水量平衡分析和汇总，2011 年全国城镇居民生活毛用水量为 297.64 亿 m³，占全国经济社会用水总量的 4.8%。其中，南方 4 区城镇居民生活毛用水量为 202.07 亿 m³，占全国城镇居民生活毛用水量的 67.9%；北方 6 区城镇居民生活毛用水量为 95.57 亿 m³，占全国城镇居民生活毛用水量的 32.1%。在各水资源一级区中，城镇居民生活毛用

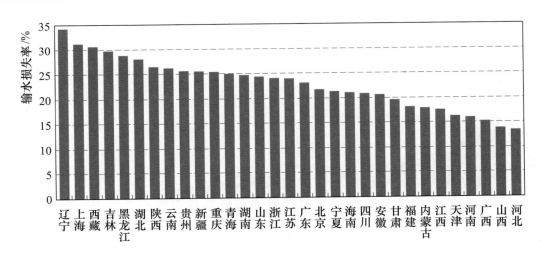

图2-2-3 各省级行政区城镇居民生活用水输水损失率

水量最大的是长江区，为111.25亿 m³；珠江区的城镇居民生活毛用水量也较大，为63.26亿 m³，淮河区、东南诸河区和海河区的城镇居民生活毛用水量也都超过了24亿 m³；西南诸河区和西北诸河区的城镇居民生活毛用水量较小，均在5亿 m³ 以内；最小的是西南诸河区，为2.47亿 m³。各水资源一级区城镇居民生活毛用水量详见表2-2-2和图2-2-4。

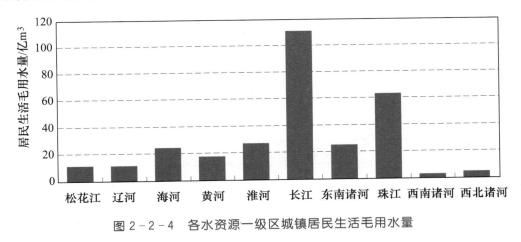

图2-2-4 各水资源一级区城镇居民生活毛用水量

从行政分区看，东部地区城镇居民生活毛用水量156.41亿 m³，占全国城镇居民生活毛用水量的52.6%；中部地区城镇居民生活毛用水量77.37亿 m³，占26.0%；西部地区城镇居民生活毛用水量63.86亿 m³，占21.4%。各省级行政区中，城镇居民生活毛用水量最大的是广东省，为46.92亿 m³；江苏、浙江、湖南和四川等省的城镇居民生活毛用水量也都在15亿 m³ 以上；最小的是西藏自治区，仅为0.38亿 m³。各省级行政区城镇居民生活毛用水量详见图2-2-5和附表A7。

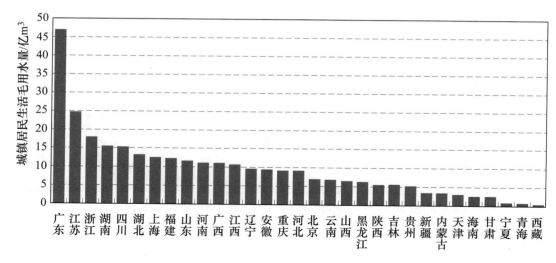

图 2-2-5 各省级行政区城镇居民生活毛用水量

三、农村居民生活用水量

(一) 农村居民生活净用水量

根据县级行政区套水资源三级区的农村居民生活净用水量汇总，2011 年全国农村居民生活净用水量为 172.73 亿 m^3，占全国居民生活净用水量的42.8%。其中，南方 4 区农村居民生活净用水量 111.26 亿 m^3，占全国农村居民生活净用水量的 64.4%；北方 6 区农村居民生活净用水量 61.47 亿 m^3，占全国农村居民生活净用水量的 35.6%。各水资源一级区农村居民生活净用水量详见表 2-2-2。

表 2-2-2　　　　　　各水资源一级区农村居民生活用水量

水资源一级区	净用水量/亿 m^3	毛用水量/亿 m^3	输水损失率/%
全国	172.73	176.01	2.2
北方 6 区	61.47	62.40	1.9
南方 4 区	111.26	113.61	2.3
松花江区	5.48	5.45	0.2
辽河区	4.85	4.84	0.4
海河区	12.98	13.05	1.3
黄河区	9.53	9.84	3.5
淮河区	25.38	25.64	1.5
长江区	66.60	67.93	2.1
其中：太湖流域	4.81	4.91	1.6

续表

水资源一级区	净用水量/亿 m³	毛用水量/亿 m³	输水损失率/%
东南诸河区	12.19	12.81	5.4
珠江区	28.86	29.24	1.5
西南诸河区	3.61	3.63	0.8
西北诸河区	3.25	3.58	6.4

从行政分区看，东部地区农村居民生活净用水量 63.54 亿 m³，占全国农村居民生活净用水量的 36.8%；中部地区农村居民生活净用水量 61.88 亿 m³，占全国农村居民生活净用水量的 35.8%；西部地区农村居民生活净用水量 47.31 亿 m³，占全国农村居民生活净用水量的 27.4%。各省级行政区农村居民生活净用水量详见图 2-2-6。

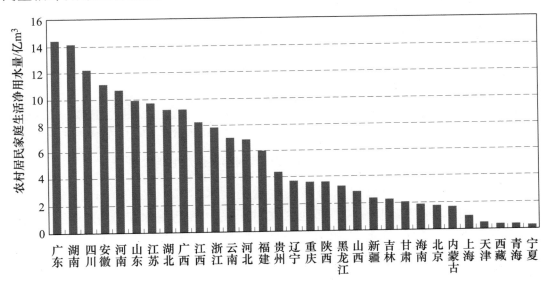

图 2-2-6　各省级行政区农村居民生活净用水量

（二）输水损失

根据农村公共供水企业输水损失汇总，全国农村居民生活用水输水损失率为 2.2%。其中，南方和北方地区农村居民生活用水输水损失率分别为 2.3% 和 1.9%。各水资源一级区农村居民生活用水输水损失率范围在 0.2%～6.4%，各水资源一级区农村居民生活用水输水损失率详见表 2-2-2。

从行政分区看，东、中、西部地区农村居民生活用水输水损失率分别为 2.7%、2.0% 和 1.6%。各省级行政区农村居民生活用水输水损失率在 0～10.8%。

（三）农村居民生活毛用水量

经县级行政区套水资源三级区的供用水量平衡分析和汇总，2011 年全国农村居民生活毛用水量为 176.01 亿 m³，占全国经济社会用水总量的 2.8%。其中，南方 4 区农村居民生活毛用水量 113.61 亿 m³，占全国农村居民生活毛用水量的 64.5%；北方地区农村居民生活毛用水量 62.40 亿 m³，占全国农村居民生活毛用水量的 35.5%。各水资源一级区中，农村居民生活毛用水量最大的是长江区，为 67.93 亿 m³；珠江区和淮河区的农村居民生活毛用水量也较大，均在 25 亿 m³ 以上；西南诸河区和西北诸河区的农村居民生活毛用水量较小，在 3.6 亿 m³ 左右。各水资源一级区农村居民生活毛用水量详见表 2-2-2 和图 2-2-7。

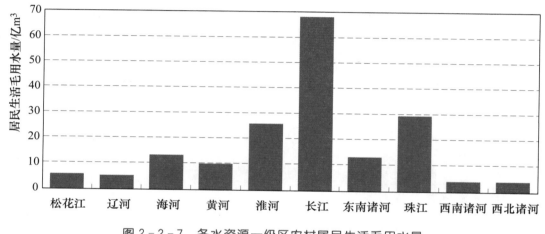

图 2-2-7　各水资源一级区农村居民生活毛用水量

从行政分区看，东部地区农村居民生活毛用水量 65.05 亿 m³，占全国农村居民生活毛用水量的 37.0%；中部地区农村居民生活毛用水量 62.95 亿 m³，占全国农村居民生活毛用水量的 35.8%；西部地区农村居民生活毛用水量 48.01 亿 m³，占全国农村居民生活毛用水量的 27.2%。各省级行政区中，农村居民生活毛用水量最大的是广东省，为 14.74 亿 m³；湖南、四川、安徽、河南和江苏等省的农村居民生活毛用水量均在 10 亿 m³ 以上；最小的是西藏，仅为 0.36 亿 m³。各省级行政区农村居民生活毛用水量详见图 2-2-8 和附表 A7。

四、居民生活全口径用水量

本次普查，2011 年全国城乡居民生活净用水量为 403.69 亿 m³，城乡居民生活用水输水损失率为 15.2%。经过县级行政区套水资源三级区的供用水量平衡分析和汇总，2011 年全国城乡居民生活毛用水量为 473.65 亿 m³，其中城镇居民生活用水占 62.8%，农村居民生活用水占 37.2%。南方 4 区城乡居民生活毛用水量为 315.68 亿 m³，北方 6 区城乡居民生活毛用水量为

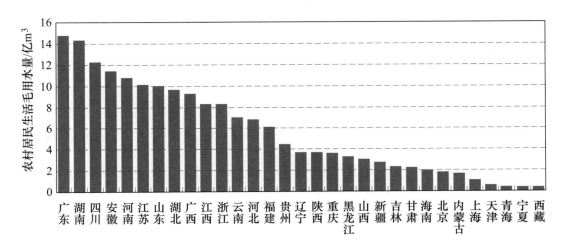

图 2-2-8 各省级行政区农村居民生活毛用水量

157.97亿 m^3，分别占全国城乡居民生活毛用水量的66.6%和33.4%。各水资源一级区中，城乡居民生活毛用水量最大的是长江区，为179.19亿 m^3；珠江区、淮河区、东南诸河区和海河区的城乡居民生活毛用水量均在37亿 m^3以上；最小的是西南诸河区，仅为6.1亿 m^3；各水资源一级区城乡居民生活毛用水量详见表2-2-3。

表2-2-3　　　　　　　各水资源一级区居民生活用水量

水资源一级区	净用水量/亿 m^3	毛用水量/亿 m^3	损失率/%	人均日用水量/L	
				城镇	农村
全国	403.69	473.65	15.2	118	73
北方6区	136.70	157.97	14.1	84	57
南方4区	266.99	315.68	15.8	145	89
松花江区	13.65	16.59	19.3	85	52
辽河区	12.51	16.16	24.1	91	59
海河区	33.06	37.25	11.8	83	54
黄河区	22.99	27.37	16.4	82	44
淮河区	47.67	52.48	9.5	82	67
长江区	150.10	179.19	16.5	134	85
其中：太湖流域	23.14	30.71	25.1	154	105
东南诸河区	32.52	37.90	14.8	145	110
珠江区	78.82	92.50	15.2	171	99
西南诸河区	5.55	6.10	9.8	115	66
西北诸河区	6.82	8.12	16.0	90	56

从行政分区看，东、中、西部地区居民生活毛用水量分别为 221.47 亿 m³、140.32 亿 m³ 和 111.86 亿 m³，分别占全国城乡居民生活毛用水量的 46.8%、29.6% 和 23.6%。各省级行政区中，城乡居民生活毛用水量较大的省份主要集中在华东地区和中南地区，最大的是广东省，为 61.67 亿 m³，占全国的 13.0%；江苏、湖南、四川和浙江的居民生活毛用水量均在 25 亿 m³ 以上，共占全国的 24.9%；最小的是西藏，仅为 0.74 亿 m³。各省级行政区城乡居民生活毛用水量详见图 2-2-9 和附表 A7。

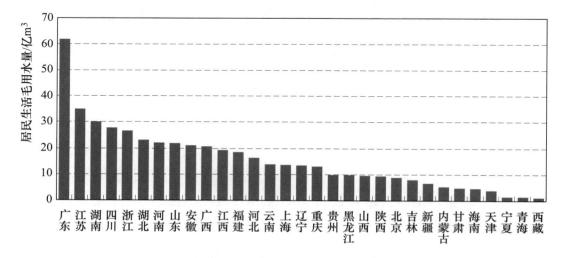

图 2-2-9 各省级行政区居民生活毛用水量

第三节 居民生活用水指标分析

一、城镇居民生活用水指标与自来水比例

（一）城镇居民生活用水指标

按照城镇居民生活毛用水量和中国统计年鉴中的常住人口计算，2011 年全国平均城镇居民生活人均日用水量为 118L。总体来看，南北方城镇居民生活人均日用水量差异显著，北方 6 区城镇居民生活人均日用水量为 84L，南方 4 区为 145L。各水资源一级区城镇居民生活人均日用水量范围在 82~171L，最大为珠江区，达 171L；东南诸河区、长江区和西南诸河区的人均日用水量也较高，均在 115L 以上；松花江区、海河区、黄河区和淮河区的人均日用水量较低，均在 85L 以下。各水资源一级区城镇居民生活人均日用水量详见表 2-2-3 和图 2-3-1。

从行政分区看，各省级行政区城镇居民生活人均日用水量范围在 65~

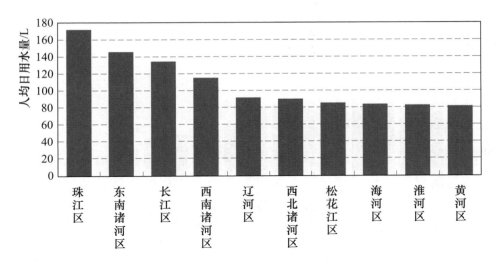

图 2-3-1 各水资源一级区城镇居民生活人均日用水量

184L，最大为广东省，达 184L；上海、福建、广西、海南、重庆和西藏等省（自治区、直辖市）城镇居民生活人均日用水量较高，均在 150L 以上；山东、内蒙古、宁夏、甘肃、青海和天津等省（自治区、直辖市）的城镇居民生活人均日用水量较低，均在 75L 以下；最小为山东省，仅 65L。高于全国平均值的有 15 个省份，主要分布在南方丰水地区或经济较发达地区。低于全国平均值的有 16 个省份，主要分布在北方缺水地区。各省级行政区城镇居民生活人均日用水量详见图 2-3-2 和附表 A6。从我国地级行政区城镇居民生活人均日用水量看，其分布范围为 45～240L，其中大于 160L 的占 14.5%（按照人口计算），介于 100～160L 的占 46.3%，介于 60～100L 的占 34.7%，小于 60L 的占 4.5%。

我国城镇居民生活人均日用水量总体分布格局呈从北到南逐渐增加的趋势，从水资源二级区来看，城镇居民生活人均日用水量较大的主要集中在珠江三角洲、东江、粤西桂南沿海诸河和北江，介于 160～200L；其次是珠江区的红柳江、郁江、西江、韩江及粤东诸河以及海南岛及南海各岛诸河，东南诸河区的浙东诸河、闽东诸河、闽江和闽南诸河，长江区的宜宾至宜昌、洞庭湖水系和太湖水系，介于 140～160L；较小的主要在淮河的山东半岛沿海诸河、西北诸河区的内蒙古内陆河、黄河的内流区，小于 60L。全国水资源二级区城镇居民生活人均日用水量分布详见附图 C2。

从地区分布情况来看，城镇居民生活人均日用水量在 140L 以上的地区主要集中在广东和广西南部地区、上海市、江苏的泰州市和常州市、浙江的湖州市和杭州市、福建的莆田市和泉州市及龙岩市、江西的鹰潭市和九江市、海南的三亚市等地。城镇居民生活人均日用水量较小的主要集中在山东中部、内蒙

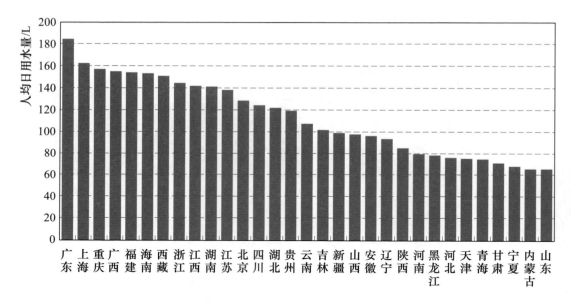

图 2-3-2　各省级行政区城镇居民生活人均日用水量

古中西部、青海南部、甘肃东部等地区，均在 60L 以下。

（二）自来水用水比例

根据典型调查汇总，全国城镇居民生活用水中自来水用水比例平均为
96.6%。其中，东、中、西部地区城镇居民生活用水中自来水用水比例分别为
97.1%、95.7% 和 97.1%。各省级行政区中，自来水用水比例较高的有吉林、
宁夏、上海、贵州、新疆、辽宁、江西、甘肃、重庆、河北、广东、广西和湖
北等省（自治区、直辖市），自来水用水比例均在 98% 以上；最小的为西藏，
自来水用水比例为 89%。详见表 2-3-1 和图 2-3-3。

表 2-3-1　　　　不同地区城镇居民生活自来水用水比例

区域	年用水量/t	自来水利用量/t	其他水利用量/t	自来水比例/%
全国	1294.85	1251.25	43.60	96.6
东部地区	510.40	495.68	14.72	97.1
中部地区	441.67	422.76	18.91	95.7
西部地区	342.79	332.82	9.97	97.1

二、农村居民生活用水指标

按照农村居民生活毛用水量和中国统计年鉴中的常住人口计算，2011 年
全国平均农村居民生活人均日用水量为 73L。南北方农村居民生活人均日用水
量差异显著，北方 6 区农村居民生活人均日用水量为 57L，南方 4 区为 90L。

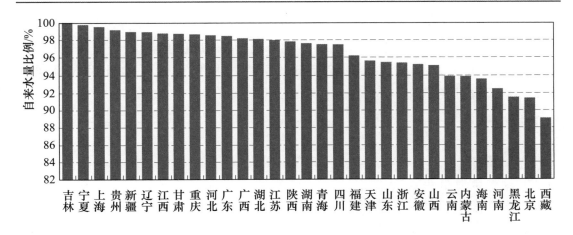

图2-3-3　各省级行政区城镇居民生活自来水用水比例

各水资源一级区的农村居民生活人均日用水量范围在44～110L，最大的为东南诸河区，为110L；珠江区、长江区、淮河区和西南诸河区的农村居民生活人均日用水量也较高，均在60L以上；海河区和松花江区的农村居民生活人均日用水量较低，在55L以下；最小的为黄河区，为44L。各水资源一级区农村居民生活人均日用水量详见表2-2-3和图2-3-4。

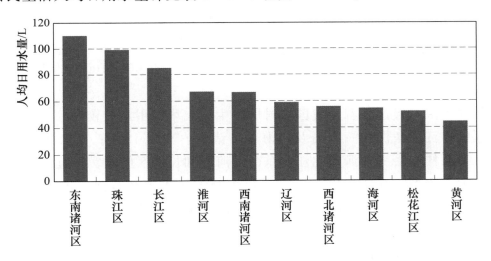

图2-3-4　各水资源一级区农村居民生活人均日用水量

　　从行政分区看，农村居民生活人均日用水量从东至西总体呈现逐渐减小趋势，东、中、西部地区农村居民生活人均日用水量分别为88L、77L、64L。各省级行政区农村居民生活人均日用水量范围在32～122L，最大的为海南省，达122L；上海、广东、湖南、浙江和福建等省（直辖市）的农村居民生活人均日用水量也较高，均在100L以上；宁夏、青海、甘肃、西藏、内蒙古、山西、河北和吉林等省（自治区）的农村居民生活人均日用水量较低，均在50L

以下，其中宁夏仅为 32L。高于全国平均值的有 13 个省级行政区，主要分布在南方丰水地区或经济发达地区。低于全国平均值的有 18 个省级行政区，主要分布在北方缺水地区。各省级行政区农村居民生活人均日用水量详见图 2-3-5 和附表 A7。

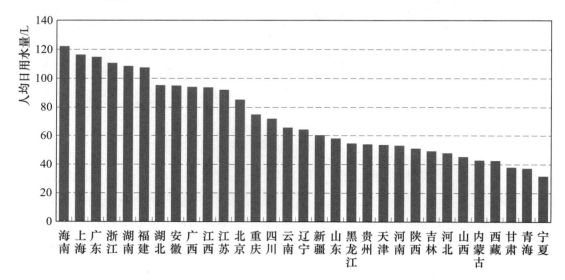

图 2-3-5　各省级行政区农村居民生活人均日用水量

　　从地级行政区农村居民生活人均日用水量看，其范围介于 25～200L，其中，大于 100L 的占 20.0%（按照人口计算），介于 60～100L 的占 41.0%，小于 60L 的占 39.0%。

　　从水资源二级区来看，我国农村居民生活人均日用水量较大的主要集中在珠江区的珠江三角洲和海南岛及南海各岛诸河，高于 120L；其次是珠江区的东江、粤西桂南沿海诸河和北江，东南诸河区和长江区的宜宾至宜昌、洞庭湖水系和太湖水系，介于 100～120L；较小的主要集中在黄河上游和黄河内流区，西南诸河区的藏西诸河和藏南诸河，西北诸河区的内蒙古高原内陆河、阿尔泰山南麓诸河和羌塘高原内陆河，小于 40L。全国水资源二级区农村居民生活人均日用水量分布详见附图 C3。

　　从地区分布情况来看，农村居民生活人均日用水量较大的主要集中在广东的大部分地区、海南全省、湖南的长沙市和湘潭市、江西的南昌市、福建的厦门市、浙江的宁波市和温州市以及江苏的南京市，高于 120L；较小的主要分布在甘肃东部、宁夏中部及南部、青海南部、西藏北部地区、新疆阿勒泰地区、山西北部、内蒙古中西部等地区，不足 40L。

第三章 工 业 用 水

工业用水量指工业企业取用的新水量，不包括企业内部重复利用的水量，其中直流冷却式火（核）电企业按照取水量进行统计。本章主要介绍工业用水调查方法、工业用水大户和典型用水户调查结果以及工业行业用水量调查成果。

第一节 用水户用水调查

工业企业用水调查是将全部用水大户以及一般用水户中采用系统抽样方法选取的典型用水户作为调查对象，所有调查对象均建立逐月取用水台账，获得其年用水量，并汇总分析区域用水大户用水量和典型用水户万元工业总产值用水量作为推算全口径工业用水量的基础。

一、调查方法

（一）调查对象确定

1. 工业企业

工业企业用水户调查对象主要以第二次全国经济普查资料为基础，通过基础资料整理和分析、初选调查对象、补充和核实调查对象、形成调查对象名录等步骤确定。

（1）基础资料整理和分析。

为确定工业企业用水户调查对象，从第二次经济普查资料中获取工业企业的单位名称、单位代码、所在地址、行业类别及代码、用水量等基本信息。电力、热力的生产和供应业（大类代码：44）中水力发电企业不属于调查范围，不作为工业调查对象。工业企业按照用水量大小和行业代码进行排序，形成工业企业用水调查的初始名录。

（2）初选调查对象。

以初始名录作为基础，根据以下方法确定工业企业用水大户和典型用水户。

1）工业企业用水大户确定。根据各地工业企业用水情况不同，将用水大户的划分标准分为年取用水量 15 万 m³、10 万 m³ 和 5 万 m³ 3 个档次。将县级行政区内的工业企业按用水量大小依次排序，从高到低分析县域内年取用水量大于等于以上标准的工业企业数量是否超过 50 家，若超过 50 家则以该档作为用水大户的划分标准，最低标准为 5 万 m³。

2）工业企业典型用水户确定。工业企业名录中除被选定的用水大户以外，剩余的企业作为选取典型用水户的总体。采用随机等距抽样的方法，分别选取高用水工业企业典型用水户及一般工业企业典型用水户数量各 25 户以上。

（3）补充和核实调查对象。

初选调查对象后，一方面对用水大户进行补充，主要包括：①第二次经济普查后新建或扩建其年取水量超过用水大户标准的工业企业；②经济普查资料中被遗漏的工业用水大户。另一方面，核实被选取的所有调查对象，对于已经停产、倒闭的企业予以剔除，若为典型用水户则重新从工业企业单位名录中更换，以满足调查样本规定的数量要求。

（4）形成调查对象名录。

将补充、核实后的调查对象填入工业企业调查对象名录表，形成最终的调查对象名录。

2. 公共供水企业

公共供水企业指通过公共供水管网，向其覆盖范围内的居民家庭、企事业单位、机关团体等用水户直接供水的企业和单位，包括城市（含县城）公共供水企业以及农村（村镇）集中供水企业和单位❶。对于利用自备水源，向本单位的生产区和居民区供水的企业不作为公共供水企业。对于不具备法人资格的村、镇自来水供水单位视为公共供水企业。对于向市区或镇区供水的同时，其供水管网延伸到农村的自来水供水企业，归为城镇公共供水企业。

（二）调查指标获取

1. 工业企业

工业企业用水调查的指标包括所在位置、所属行业等静态指标，以及 2011 年总产值、产品产量及用水量、年取水量和年用水量等动态指标。2011 年总产值、产品产量等经济指标从企业的财务报表等日常统计中获取，2011 年取水量和用水量则通过建立健全计量设施、记录取用水台账获取。

工业企业调查对象均建立了取用水量台账，以获取真实可靠的动态数据。调查对象的取水量为从各种水源取水口取用的水量，而用水量为所取水量中实

---

❶　农村供水仅统计规模较大的公共供水单位，范围为日供水规模在 1000t 及以上或供水范围内的用水人口在 10000 人及以上。

际进入企事业单位的水量（不包括进入单位前的输水损失）。当取水距离较远、输水损失较大时，取水量大于用水量；若取水距离较近、输水损失较小时，取水量则近似与用水量相等。对于利用取水工程从河流、湖泊上取水的取水量，以及利用电动机、柴油机等动力机械抽取地下水的取水量，直接采用河湖开发治理普查和地下水取水井专项普查成果。对于其他取水口，有计量设施计量时，直接采用计量设施数据，建立台账表，获取各月取水量；没有计量设施计量时，按适宜的方法，记录取水时间、取水设备额定流量、临时测定流量、用电量等辅助台账数据，推算各月取水量，并计入台账表中。

2. 公共供水企业

公共供水企业主要调查内容包括单位基本情况、供水人口、不同水源取水量、出厂水量、不同行业售水量等。公共供水企业取水量由取水水源管理单位根据计量数据或推算数据提供。对于利用取水工程从河流、湖泊上取水的取水量，以及利用电动机、柴油机等动力机械抽取地下水的取水量，直接采用河湖开发治理普查和地下水取水井专项普查成果。供水人口、供水量、售水量则从企业日常统计报表中获取。

二、用水大户用水调查

本次普查，各地根据工业用水大户的数量及其分布确定大户标准，大多数县级行政区工业用水大户的划分标准为年取用水量 5 万 m^3。在全国 2853 个县级普查单位中，以 5 万 m^3 为规模标准的有 2778 个县级普查区，以 10 万 m^3 作为规模标准的有 38 个县级普查单位，以 15 万 m^3 为规模标准的有 37 个县级普查单位。工业用水大户调查成果如下。

（一）火（核）电企业

全国 31 个省级行政区共调查火（核）电用水户 2929 个，火（核）电企业总装机容量 7.24 亿 kW，从各种水源共取水 533.90 亿 m^3，企业实际使用的净用水量为 526.46 亿 m^3。

我国火（核）电用水主要集中在长江中下游省份及其他南方沿海省份。火（核）电企业用水量超过 20 亿 m^3 的省级行政区有江苏、上海、湖南、湖北、广东和安徽，低于 1 亿 m^3 的省级行政区有西藏、海南、青海、天津、北京和云南。各省级行政区火（核）电工业净用水量详见图 3-1-1 和附表 A8。

我国直流式冷却火（核）电企业数量较少，但用水量较大。全国有直流式冷却火（核）电企业 199 家，占火（核）电企业数量的 6.8%；总装机容量 1.76 亿 kW，净用水量 471.35 亿 m^3，占火（核）电企业净用水量的 89.5%。直流式冷却火（核）电企业装机容量高于 1000 万 kW 的省级行政区有上海、

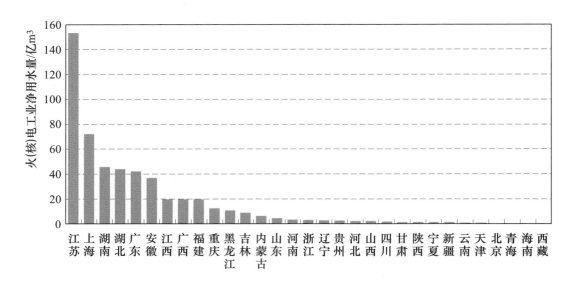

图 3-1-1　各省级行政区火（核）电工业净用水量

江苏、浙江、安徽、湖南、广东。直流式冷却火（核）电企业净用水量占火（核）电企业净用水量比例超过 50％的省级行政区有内蒙古、吉林、黑龙江、上海、江苏、安徽、福建、江西、湖北、湖南、广东、广西、海南、重庆。

（二）非火（核）电工业用水大户

1. 高用水工业

全国共有高用水工业用水大户 17823 个，其工业总产值为 12.54 万亿元，从各种水源共取水 168.24 亿 m³，企业实际使用的净用水量 158.48 亿 m³，万元工业总产值净用水量为 12.6m³。

全国平均每个省级行政区高用水工业调查对象数量为 575 个。其中，对象数量超过 1000 个的省级行政区有江苏、浙江、山东和广东，低于 100 个的省级行政区有北京、海南、西藏和青海。各省级行政区高用水工业用水大户数量详见图 3-1-2。各省级行政区高用水工业用水大户净用水量详见图 3-1-3。各省级行政区高用水工业用水大户万元工业总产值净用水量详见图 3-1-4。

2. 一般工业

全国共调查一般工业用水大户 21824 个，其工业总产值 12.79 万亿元，从各种水源共取水 81.94 亿 m³，企业实际使用的净用水量为 77.89 亿 m³，万元工业总产值净用水量 6.1m³。全国平均每个省级行政区一般工业用水大户调查对象数量为 704 个。其中，对象数量超过 1000 个的省级行政区有广东、浙江、江苏、山东、福建和河北，低于 100 个的省级行政区有西藏、海南、青海和北京，省级行政区一般工业用水大户数量详见图 3-1-5。省级行政区一般工业用水大户净用水量详见图 3-1-6。各省级行政区一般工业用水大户万元工业总产值净用水量详见图 3-1-7。

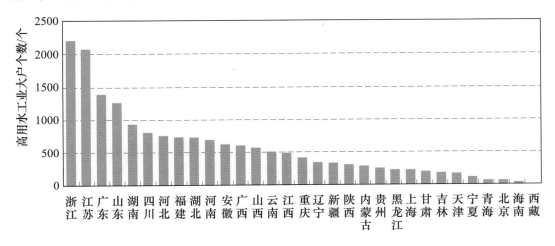

图 3-1-2　各省级行政区高用水工业用水大户数量

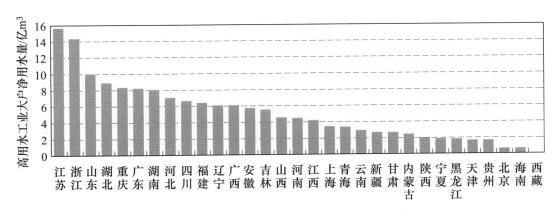

图 3-1-3　各省级行政区高用水工业用水大户净用水量

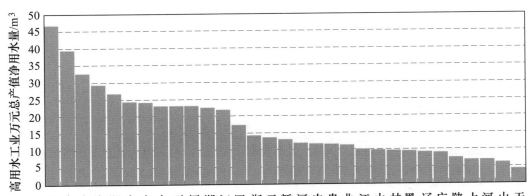

图 3-1-4　各省级行政区高用水工业用水大户万元工业总产值净用水量

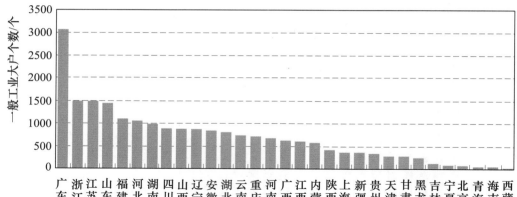

图 3-1-5 各省级行政区一般工业用水大户数量

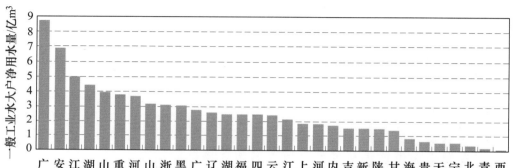

图 3-1-6 各省级行政区一般工业用水大户净用水量

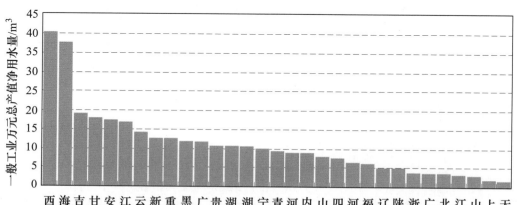

图 3-1-7 各省级行政区一般工业用水大户万元工业总产值净用水量

（三）用水大户分布

1. 省级行政区用水大户分布

全国共调查工业用水大户［包括火（核）电企业］42576个，其工业总产值27.15万亿元，净用水量为762.83亿 m³。各省级行政区中，工业用水大户主要集中在广东、浙江、江苏、山东等4个省，均在3000个以上，共占全国工业用水大户的35.8%；工业用水大户用水量主要集中在江苏、上海、广东、湖北、湖南、安徽等6个省（自治区），均在50亿 m³以上，共占全国工业用水大户用水量的61.5%。其中，广东省调查对象数量最多、工业总产值最大，调查对象共4565个，工业总产值3.40万亿元；西藏自治区调查对象数量最少、工业总产值最小，调查对象共44个，工业总产值0.003万亿元；江苏省工业用水大户净用水量最大，达到173.87亿 m³，主要是直流火（核）电企业较多；西藏用水量最小，仅为0.12亿 m³。各省级行政区工业用水大户数量及净用水量详见图3-1-8和图3-1-9。

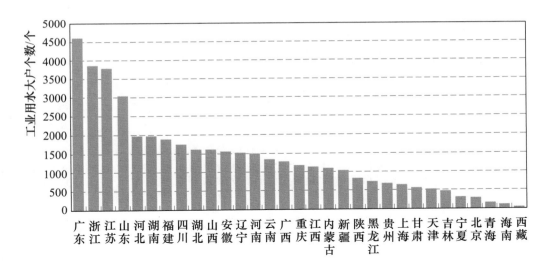

图3-1-8 各省级行政区工业用水大户数量

全国工业用水大户［包括火（核）电企业］净用水量占全部工业净用水量的67%。由于各省级行政区用水大户分布不均，其工业用水大户净用水量占其工业净用水量比例相差较大。上海、宁夏、江苏、青海、山西、重庆、吉林、天津、新疆、湖南、甘肃和湖北等省级行政区的工业用水大户净用水量比例超过了70%，而河南、西藏、北京等省（直辖市）级行政区的工业用水大户净用水量比例不足30%。各省级行政区工业用水大户净用水量占其工业净用水量的比例详见图3-1-10。

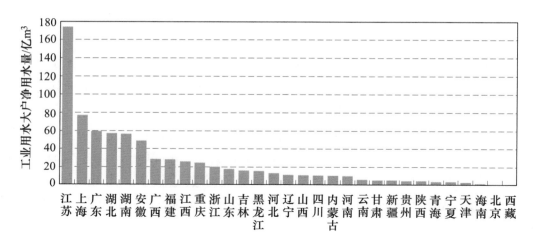

图 3-1-9　各省级行政区工业用水大户净用水量

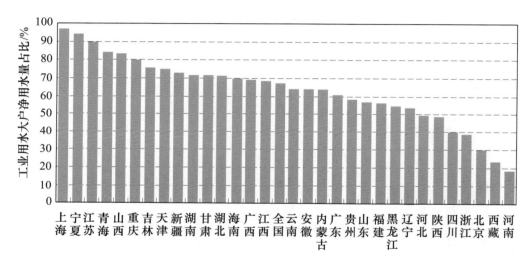

图 3-1-10　各省级行政区工业用水大户净用水量占其工业净用水量比例

2. 非火（核）电工业用水大户水源结构

全国非火（核）电工业用水大户净用水量 236.4 亿 m³，其中利用自来水的水量占 29%，利用自备水源的水量占 71%。从全国来看，用水大户的用水来源主要为自备水源，大部分省级行政区情况也一样，而北京、天津、黑龙江和广东的自来水利用量则略高于自备水源。各省级行政区非火（核）电工业用水大户水源构成详见图 3-1-11。

全国非火（核）电工业用水大户共 3.96 万个左右，其中以自来水为水源的个数占 44%，以自备水为水源的个数占 39%，同时使用自来水和自备水的个数占 17%。从全国来看，华北、东北、西南和西北地区以自备水为主，华东和中南地区以自来水为主。详见图 3-1-12。

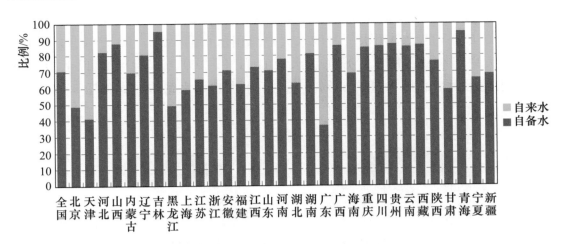

图 3-1-11 各省级行政区非火（核）电工业用水大户分水源用水量比例

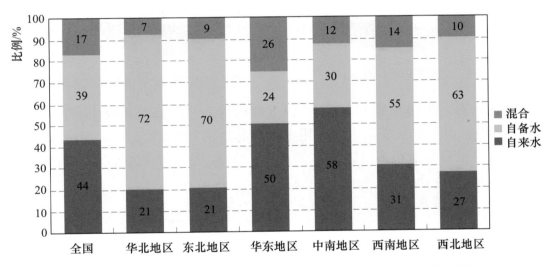

图 3-1-12 全国非火（核）电工业用水大户分水源企业个数比例

全国年用水量 5 万（含）m³ 以上的非火（核）电工业大户万元总产值用水量为 9.7m³，其中利用自来水的为 4.7m³，利用自备水的为 15.8m³，同时利用自来水和自备水的为 12.1m³。从全国来看，利用自来水的大户用水效率较高，利用自备水的用户用水效率较低。

3. 用水大户规模特征

全国非火（核）电工业用水大户共 3.96 万个左右，其中，年用水量 5 万（含）～15 万 m³ 的大户占用水大户的 48%；15 万（含）～50 万 m³ 的大户占用水大户的 32%；50 万（含）～100 万 m³ 的大户占用水大户的 10%；100 万（含）m³ 以上的大户占用水大户的 10%。全国用水大户数量构成详见图 3-1-13。

全国非火（核）电工业用水大户净用水量为 236.4 亿 m³，其中，年用水量 5 万（含）～15 万 m³ 的大户用水量占用水大户总用水量的 6%；15 万（含）～50 万 m³ 的大户用水量占用水大户总用水量的 14%；50 万（含）～100 万 m³ 的大户用水量占用水大户总用水量的 11%；100 万（含）m³ 以上的大户用水量占用水大户总用水量的 69%。全国用水大户用水量构成详见图 3-1-14。

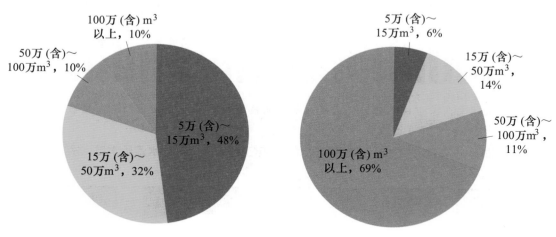

图 3-1-13 全国用水大户数量构成   图 3-1-14 全国用水大户用水量构成

总体来看，年用水量 100 万 m³ 以上的用水大户虽然数量较少（占用水大户的 10%），但用水规模很大（占用水大户总用水量的 69%），5 万～15 万 m³ 的用水大户虽然数量很多（占用水大户的 48%），但用水规模较小（占用水大户总用水量的 6%）。

（四）公共供水企业

1. 供水量

全国共调查公共供水企业（单位）16580 个，供水范围内人口为 74497 万人，取水总量为 707.95 亿 m³，供水量（出厂水量）为 669.40 亿 m³，售水总量为 572.02 亿 m³。在售水总量中，生产运营用水 170.82 亿 m³，占 29.9%；居民家庭用水 244.79 亿 m³，占 42.8%；公共服务用水 80.82 亿 m³，占 14.1%；其他用水 75.60 亿 m³，占 13.2%。从取水量与售水量的差值分析，全国公共供水企业耗损水量 135.93 亿 m³，综合耗损率 19.2%。从出厂水量与售水量的差值分析，全国公共供水企业输配水耗损率 14.5%。

根据用水统计口径，公共供水企业在取水、制水、配水过程中的损耗水量将计入工业、居民生活、第三产业用水中。工业、居民生活、第三产业使用自来水所应分摊的输水损失，分别按公共供水企业售水量中生产运营用水、居民家庭用水、公共服务用水所占比例估算。估算结果为：工业、居民生活、第三产业应分摊自来水的损耗水量分别为 46.76 亿 m³、67.08 亿 m³ 和 22.15 亿 m³。

从省级行政区看，公共供水企业取水量大于 50 亿 m³ 的有广东、江苏、上海、浙江等 4 个省（直辖市），取水量小于 5 亿 m³ 的有西藏、青海、宁夏等 3 个省（自治区）。各省级行政区综合耗损率在 11.9%～30.3%，其中东北地区和西南地区综合耗损率较高，华北地区及西北地区综合耗损率较低。

2. 不同规模供水企业供水情况

全国年取水量 1 亿（含）m³ 以上的公共供水企业有 88 个，供水人口 1.74 亿人，取水量 260 亿 m³，占总取水量的 37%；年取水量 1000 万（含）～1 亿 m³ 的企业有 1001 个，供水人口 2.52 亿人，取水量 297 亿 m³，占总取水量的 42%；年取水量 500 万（含）～1000 万 m³ 的企业有 674 个，供水人口 6923 万人，取水量 51 亿 m³，占总取水量的 7%；年取水量 100 万（含）～500 万 m³ 的企业有 2656 个，供水人口 1.24 亿人，取水量 65 亿 m³，占总取水量的 9%；年取水量 100 万 m³ 以下的企业有 12161 个，供水人口 1.24 亿人，取水量 34 亿 m³，占总取水量的 5%。不同规模公共供水企业取水量比例详见图 3-1-15。

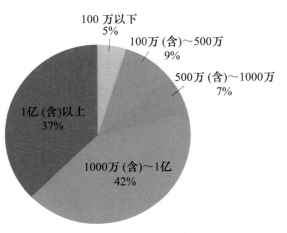

图 3-1-15 不同取水规模公共供水企业的取水量比例情况

总体来看，随着公共供水企业规模的扩大，供水范围也愈大，人均用水量指标也随之逐渐提高。从地域分布来看，年取水量 100 万 m³ 以下的企业一般都集中在农村和镇区，供水范围主要为居民生活用水，人均取水量指标较低；年取水量超过 1000 万 m³ 的企业主要集中在城市，供水范围包括居民生活、工业、服务业用水等，人均用水量指标相对较大。全国不同取水规模公共供水企业人均供水量详见图 3-1-16。

三、典型用水户用水调查

本次普查，全国共调查高用水工业和一般用水工业典型用水户 127247 个，其工业总产值 5.28 万亿元，净用水量为 19.85 亿 m³，万元工业总产值净用水量为 3.8m³。

（一）高用水工业

本次普查，全国共调查高用水工业典型用水户 44242 个，工业总产值 19722 亿元，取水量 9.04 亿 m³，净用水量 8.87 亿 m³，万元工业总产值净用

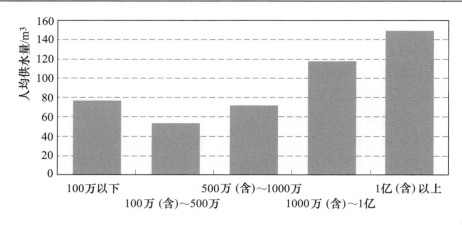

图 3-1-16　不同取水规模公共供水企业的人均供水量

水量 4.5m³。全国平均每个省级行政区高用水工业典型用水户调查对象数量为 1427 个。调查对象数量超过 2500 个的省级行政区主要有山东、河南、江苏、福建、浙江和四川，低于 500 个的省级行政区有西藏、青海、海南、宁夏和上海，详见图 3-1-17。调查对象用水量超过 6000 万 m³ 的省级行政区有浙江、福建、山东，低于 500 万 m³ 的省级行政区有西藏、海南和宁夏，详见图 3-1-18。各省级行政区高用水工业典型调查对象万元工业总产值用水量差异较大，低于 2m³ 的省级行政区有辽宁和天津，万元工业总产值用水量大于 10m³ 的省级行政区有安徽、湖北、湖南、广西和福建，详见图 3-1-19 和附表 A9。

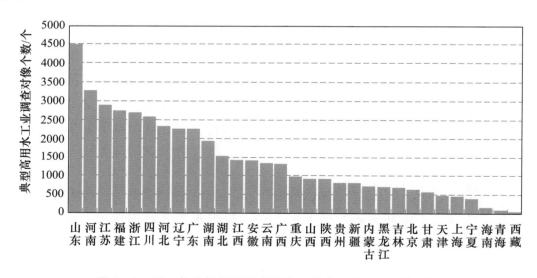

图 3-1-17　各省级行政区高用水工业典型用水户对象数量

（二）一般用水工业

全国共调查一般用水工业典型用水户 83005 个，工业总产值 3.30 万亿元，

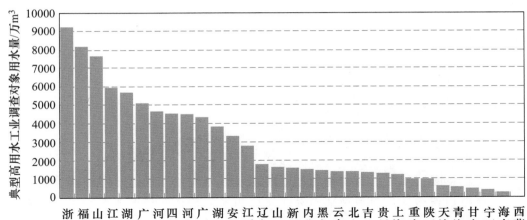

图 3-1-18 各省级行政区高用水工业典型用水户用水量

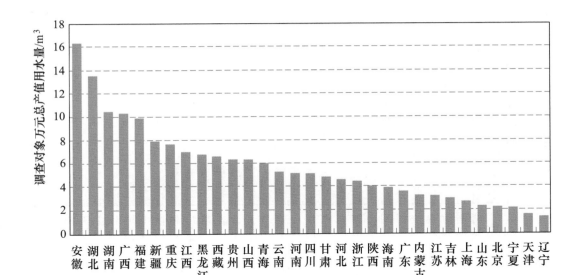

图 3-1-19 各省级行政区高用水工业典型户万元工业总产值用水量

取水量 11.28 亿 m³，净用水量 10.98 亿 m³，万元总产值净用水量 3.3m³。全国平均每个省级行政区一般用水工业典型用水户调查对象数量为 2677 个。其中，调查对象数量超过 4000 个的省级行政区有河南、山东、四川、河北、江苏和广东，低于 1000 个的省级行政区有西藏、青海、海南、天津、上海和宁夏，详见图 3-1-20 和附表 A9。各省级行政区一般用水工业典型用水户净用水量详见图 3-1-21。各省级行政区一般用水工业典型用水户万元总产值净用水量详见图 3-1-22。

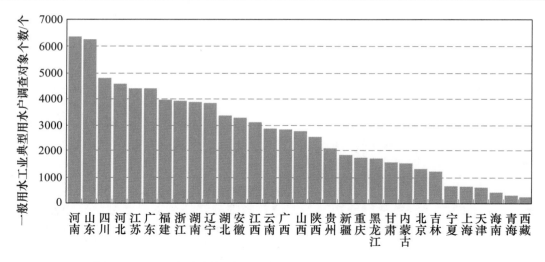

图 3-1-20　各省级行政区一般用水工业典型用水户对象数量

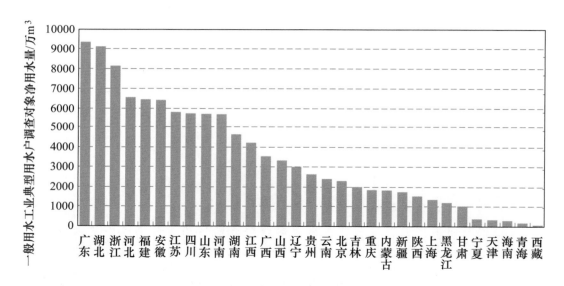

图 3-1-21　各省级行政区一般用水工业典型用水户净用水量

四、调查对象用水情况

本次普查，全国调查工业用水大户和典型用水户共 16.98 万个，调查对象总取水量为 804.40 亿 m³，净用水量为 782.75 亿 m³，占全国全部工业净用水量的 68%。各省级行政区工业调查对象用水量占全部工业用水量的比例大多在 50% 以上。调查对象的工业总产值为 32.4 万亿元，2011 年中国统计年鉴发布的全国产值规模以上（2000 万元）工业企业的总产值为 84.4 万亿元，本次调查对象总产值占 40%，比例相对较高。调查的火（核）电工业企业总装机容量为 7.2 亿 kW，与中国电力年鉴公布的火（核）电装机容量基本一致。调查对象用水量占全部工业用水量的比例详见图 3-1-23。

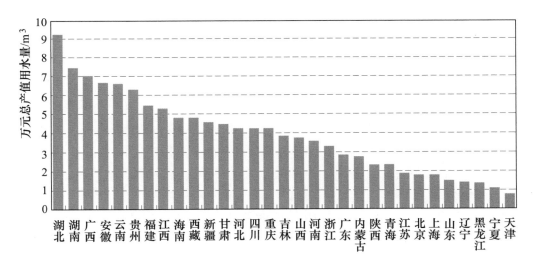

图 3-1-22 各省级行政区一般用水工业典型用水户万元总产值净用水量分布

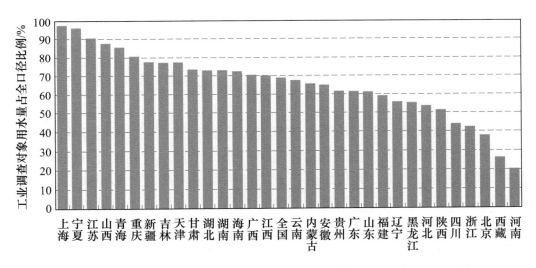

图 3-1-23 各省级行政区工业调查对象用水量占全部工业用水量比例

第二节 全口径工业用水量

以工业用水大户调查获得的用水量和典型用水户调查获得的万元工业总产值用水量成果为基础，合理确定计算单元的万元工业总产值用水量，并根据计算单元的工业总产值推算全口径工业用水量，汇总形成水资源分区和行政分区的工业用水量。

一、计算方法

进行工业用水量汇总时，需要区分净用水量和毛用水量，工业净用水量为工业企业用水调查表中的用水量与供给周边用水户水量的差。工业毛用水量即为工业企业用水调查表中的取水量与供给周边用水户水量的差。工业用水量推算包括工业万元总产值用水量推算采用值确定、净用水量推算、输水损失估算和毛用水量推算等几个方面，按照电力生产和供应业、高用水工业、一般用水工业三类分别进行计算。

（一）采用值确定

1. 典型计算值

去除典型工业企业调查对象中的无效样本，以县级行政区为单元，对高用水工业和一般用水工业的典型用水户调查表进行汇总，计算典型高用水工业和典型一般用水工业万元工业总产值用水量作为典型计算值。高用水工业和一般用水工业的万元工业总产值用水量典型计算值分别按式（3-2-1）计算：

$$q_{典型工业总产值用水} = W_{典型工业} / A_{典型工业总产值} \qquad (3-2-1)$$

式中 $q_{典型工业总产值用水}$——典型万元工业总产值净用水量，$m^3/万元$；

$W_{典型工业}$——典型工业净用水量合计，万 m^3；

$A_{典型工业总产值}$——典型工业总产值合计，亿元。

2. 推算采用值

对县级行政区高用水工业和一般用水工业的万元工业总产值净用水量典型计算值进行合理性分析，并进行县际间的差异性比较。当县级行政区的万元工业总产值净用水量典型计算值符合当地实际情况时，则直接采用典型计算值作为计算全口径工业用水量的推算采用值；否则，对典型计算值进行修正。首先分析县级行政区高用水工业和一般用水工业所涉及各行业大类的用水指标，然后根据行业大类的产值比例进行综合用水指标的计算，以此作为推算采用值。或分析县级行政区典型计算值与产业结构、县际间差异性的关系等因素，确定万元工业总产值净用水量推算采用值。或者以该县级行政区典型工业企业的万元总产值净用水量的算术平均值或中值作为推算采用值。

（二）净用水量计算

全口径工业净用水量以县级行政区套水资源三级区为计算单元分析计算，包括工业用水大户净用水量和非用水大户净用水量。

1. 用水大户净用水量

按县级行政区套水资源三级区分别对电力生产和供应业（包括全部火核电企业和供热企业）企业、以及高用水工业和一般用水工业用水大户的调查表进行汇总，分析其用水调查成果的合理性，直接作为工业用水大户净用水量。

2. 非用水大户净用水量

利用分析确定的县级行政区套水资源三级区万元工业总产值净用水量推算采用值，以及各计算单元的工业总产值，按式（3-2-2）分别计算非用水大户中高用水工业和一般用水工业的净用水量：

$$W_{非大户高用水} = A_{计算单元高用水非大户产值} \times q_{典型高用水工业} \qquad (3-2-2)$$

式中　$W_{非大户高用水}$——计算单元高用水工业非用水大户净用水量，万 m^3；

$A_{计算单元高用水非大户产值}$——计算单元高用水工业非用水大户总产值，亿元；

$q_{典型高用水工业}$——典型高用水工业万元总产值净用水量，m^3/万元。

$$W_{非大户一般用水} = A_{计算单元一般用水非大户产值} \times q_{典型一般用水工业} \qquad (3-2-3)$$

式中　$W_{非大户一般用水}$——计算单元一般用水工业非用水大户净用水量，万 m^3；

$A_{计算单元一般用水非大户产值}$——计算单元一般用水工业非用水大户总产值，亿元；

$q_{典型一般用水工业}$——计算单元典型一般用水工业万元总产值净用水量，m^3/万元。

非用水大户的高用水工业和一般用水工业的总产值分别按从统计部门获得的计算单元工业总产值与相应用水大户总产值的差值计算。非用水大户的工业万元总产值净用水量采用根据典型调查确定的推算采用值。

3. 工业净用水量

计算单元全口径工业净用水量为工业用水大户净用水量与非用水大户净用水量之和。

（三）输水损失计算

工业用水输水损失按火（核）电、高用水工业、一般用水工业分别进行计算。火（核）电工业用水输水损失仅按其调查对象的毛用水量与净用水量的差计算。高用水工业和一般用水工业的用水输水损失分别包括使用自来水量所分摊的管网输水损失和使用自备水源的输水损失两部分，使用自来水量所分摊的管网输水损失按其售水量占总售水量的比例计算，使用自备水源的输水损失按其用水调查的损失系数进行计算。

1. 火（核）电用水输水损失

$$W_{火核电损失} = W_{火核电毛} - W_{火核电净} \qquad (3-2-4)$$

式中　$W_{火核电损失}$——区域火（核）电用水输水损失，万 m^3；

$W_{火核电毛}$——区域火（核）电毛用水量，万 m^3；

$W_{火核电净}$——区域火（核）电净用水量，万 m^3。

2. 高用水工业用水输水损失

$$W_{高用水损失} = (W_{跨县损失} + W_{管网损失}) \times k_{高用水管网比例} + W_{高用水净} \times k_{高用水自备水比例}$$
$$(3-2-5)$$

式中 $W_{高用水损失}$——区域高用水工业用水输水损失，万 m^3；

$W_{跨县损失}$——城镇供水跨县输水损失，万 m^3；

$W_{管网损失}$——公共供水业管网输水损失，万 m^3；

$k_{高用水管网比例}$——高用水工业管网输水损失比例；

$W_{高用水净}$——高用水工业净用水量，万 m^3；

$k_{高用水自备水比例}$——高用水工业自备水输水损失比例。

$$k_{高用水管网比例} = \frac{W_{生产售水量}}{W_{售水总量}} \times \frac{W_{高用水净}}{W_{高用水净} + W_{一般用水净}} \qquad (3-2-6)$$

式中 $W_{生产售水量}$——公共供水业生产运营售水量，万 m^3；

$W_{售水总量}$——公共供水业售水总量，万 m^3；

$W_{高用水净}$——高用水工业净用水量，万 m^3；

$W_{一般用水净}$——一般用水工业净用水量，万 m^3。

$$k_{高用水自备水比例} = \frac{W_{高用水工业调查对象毛用水量} - W_{高用水工业调查对象净用水量}}{W_{高用水工业调查对象净用水量}}$$

$$(3-2-7)$$

式中 $W_{高用水工业调查对象毛用水量}$——高用水工业调查对象毛用水量之和，万 m^3；

$W_{高用水工业调查对象净用水量}$——高用水工业调查对象净用水量之和，万 m^3。

3. 一般用水工业用水输水损失

$$W_{一般用水损失} = (W_{跨县损失} + W_{管网损失}) \times k_{一般用水管网比例} + W_{一般用水净} \times k_{一般用水自备水比例}$$

$$(3-2-8)$$

式中 $W_{一般用水损失}$——区域一般用水工业用水输水损失，万 m^3；

$W_{跨县损失}$——城镇供水跨县输水损失，万 m^3；

$W_{管网损失}$——公共供水业管网输水损失，万 m^3；

$k_{一般用水管网比例}$——一般用水工业管网输水损失比例；

$W_{一般用水净}$——一般用水工业净用水量，万 m^3；

$k_{一般用水自备水比例}$——一般用水工业自备水输水损失比例。

$$k_{一般用水管网比例} = \frac{W_{生产售水量}}{W_{售水总量}} \times \frac{W_{一般用水净}}{W_{高用水净} + W_{一般用水净}} \qquad (3-2-9)$$

式中 $W_{生产售水量}$——公共供水业生产运营售水量，万 m^3；

$W_{售水总量}$——公共供水业售水总量，万 m^3；

$W_{高用水净}$——高用水工业净用水量，万 m^3；

$W_{一般用水净}$——一般用水工业净用水量，万 m^3。

$$k_{-般用水自备水比例} = \frac{W_{-般用水工业调查对象毛用水量} - W_{-般用水工业调查对象净用水量}}{W_{-般用水工业调查对象净用水量}}$$

$$(3-2-10)$$

式中　$W_{-般用水工业调查对象毛用水量}$——一般用水工业调查对象毛用水量之和，万 m^3；

　　　$W_{-般用水工业调查对象净用水量}$——一般用水工业调查对象净用水量之和，万 m^3。

（四）毛用水量计算

各计算单元的工业毛用水量按相应净用水量与输水损失之和计算。

二、火（核）电工业用水量

2011 年全国火（核）电工业净用水量为 526.41 亿 m^3，毛用水量为 529.93 亿 m^3，占工业总用水量的 44.1%。北方 6 区火（核）电工业毛用水量 70.23 亿 m^3，占全国火（核）电工业毛用水量的 13.3%，南方 4 区火（核）电工业毛用水量 459.70 亿 m^3，占全国火（核）电工业总用水量的 86.7%。各水资源一级区中，长江区的火（核）电工业毛用水量最大，为 368.38 亿 m^3，占全国火（核）电工业毛用水量的 69.5%，其次是珠江区，火（核）电工业毛用水量为 64.21 亿 m^3，其他水资源一级区用水量相对较小。各水资源一级区火（核）电毛用水量详见图 3-2-1。

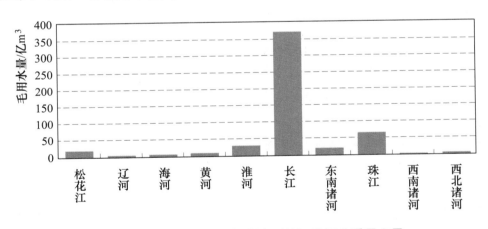

图 3-2-1　各水资源一级区火（核）电工业毛用水量

按照东、中、西部地区统计，火（核）电工业毛用水量分别为 301.2 亿 m^3、176.8 亿 m^3、51.9 亿 m^3，相应占全国火（核）电毛用水量的 56.8%、33.4%、9.8%。各省级行政区中，火（核）电用水量超过 20 亿 m^3 的有江苏、上海、湖南、湖北、广东、安徽等 6 个省（直辖市），共占全国火（核）电毛用水量的 74.7%，其中江苏省火（核）电用水占全国的 28.9%，上海占全国的 13.6%，湖南、湖北分别占全国的 8.8% 和 8.5%。各省级行政区火

（核）电毛用水量详见图 3-2-2。

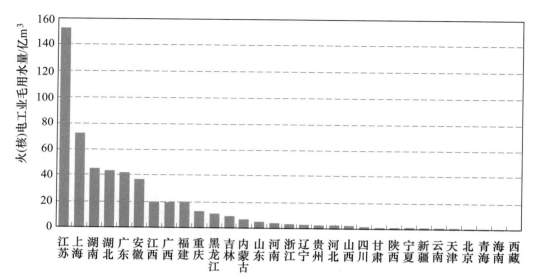

图 3-2-2　各省级行政区火（核）电工业毛用水量

三、高用水工业用水量

2011 年全国高用水工业净用水量为 309.45 亿 m³，输水损失率约为 8%，毛用水量为 334.53 亿 m³，占工业总用水量的 27.8%。北方 6 区高用水工业毛用水量 126.77 亿 m³，占全国高用水工业毛用水量的 37.9%，南方 4 区高用水工业毛用水量 207.76 亿 m³，占全国高用水工业毛用水量的 62.1%。各水资源一级区中，长江区的高用水工业毛用水量最大，为 128.32 亿 m³，占全国高用水工业毛用水量的 38.4%；珠江区、东南诸河区、淮河区高用水工业毛用水量也较大，其他水资源一级区用水量相对较小。各水资源一级区高用水工业毛用水量详见表 3-2-1。

表 3-2-1　　　　　各水资源一级区高用水工业用水量　　　　单位：亿 m³

水资源一级区	高 用 水 工 业	
	净用水量	毛用水量
全国	309.45	334.53
北方 6 区	120.11	126.77
南方 4 区	189.34	207.76
松花江区	14.3	14.76
辽河区	12.75	13.98
海河区	25.44	26.23

续表

水资源一级区	高 用 水 工 业	
	净用水量	毛用水量
黄河区	23.08	24.64
淮河区	35.66	37.73
长江区	116.11	128.32
其中：太湖流域	20.06	23.65
东南诸河区	35.75	38.25
珠江区	35.91	39.52
西南诸河区	1.57	1.66
西北诸河区	8.88	9.43

按照东、中、西部地区统计，高用水工业毛用水量分别为 149.11 亿 m³、111.79 亿 m³、73.63 亿 m³，分别占全国高用水工业毛用水量的 44.6%、33.4%、22.0%。各省级行政区中，高用水工业毛用水量超过 20 亿 m³ 的有浙江、江苏、广东、河南和湖北等省。各省级行政区高用水工业毛用水量详见图 3-2-3 和附表 A10。

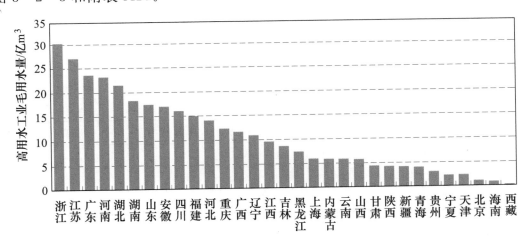

图 3-2-3　各省级行政区高用水工业毛用水量

四、一般用水工业用水量

2011 年全国一般用水工业净用水量为 309.56 亿 m³，输水损失率约为 9%，毛用水量为 338.53 亿 m³，占工业总用水量的 28.1%。北方 6 区一般用水工业毛用水量 122.74 亿 m³，占全国一般用水工业毛用水量的 36.3%；南方 4 区一般用水毛用水量 215.79 亿 m³，占全国一般用水工业毛用水量的

63.7％。各水资源一级区中，长江区的一般用水工业毛用水量最大，为116.89 亿 m³，占全国一般用水工业毛用水量的 34.9％。各水资源一级区一般用水工业毛用水量详见表 3－2－2。

　　按照东、中、西部地区统计，一般用水工业毛用水量分别为 150.34 亿 m³、126.92 亿 m³、61.27 亿 m³，分布占全国一般工业毛用水量的 44.4％、37.5％、18.1％。各省级行政区中，一般用水工业毛用水量超过 20 亿 m³ 的有广东、河南、安徽、浙江等 4 个省级行政区。各省级行政区一般用水工业毛用水量详见图 3－2－4 和附表 A10。

表 3－2－2　　　　　　　各水资源一级区一般用水工业用水量

水资源一级区	一般用水工业	
	净用水量/亿 m³	毛用水量/亿 m³
全国	309.56	338.53
北方 6 区	115.62	122.74
南方 4 区	193.94	215.79
松花江区	16.4	17.16
辽河区	11.61	13.36
海河区	24.48	25.68
黄河区	20.52	21.56
淮河区	37.74	39.68
长江区	105.9	116.89
其中：太湖流域	17.05	19.76
东南诸河区	35.16	38.34
珠江区	50.12	57.55
西南诸河区	2.75	3.02
西北诸河区	4.87	5.30

五、工业总用水量

　　2011 年全国全部工业净用水量为 1145.42 亿 m³，输水损失率约为 5％，毛用水量为 1202.99 亿 m³，其中，火（核）电工业毛用水量 529.93 亿 m³，高用水工业 334.53 亿 m³，一般工业 338.53 亿 m³。

　　我国南北方地区工业用水量差异显著，南方地区用水量是北方地区的 2.7 倍。北方 6 区工业毛用水量 325.08 亿 m³，占全国工业毛用水量的 27.0％；南方 4 区工业毛用水量 877.91 亿 m³，占全国工业毛用水量的 73.0％。各水

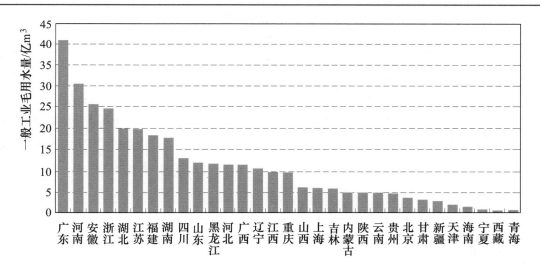

图 3 - 2 - 4　各省级行政区一般用水工业毛用水量

资源一级区中，长江区的工业毛用水量最大，为 613.59 亿 m³，占全国 51.0%；珠江区、淮河区和东南诸河区工业毛用水量也较大，分别占全国 13.4%、8.9% 和 8.2%；西南诸河区的工业毛用水量最小，为 4.69 亿 m³。各水资源一级区工业毛用水量详见表 3 - 2 - 3。

表 3 - 2 - 3　　　　　　　　各水资源一级区工业用水量

水资源一级区	全口径工业用水量	
	净用水量/亿 m³	毛用水量/亿 m³
全国	1145.42	1202.99
北方 6 区	310.23	325.08
南方 4 区	835.19	877.91
松花江区	50.36	52.05
辽河区	29.35	32.3
海河区	56.47	58.43
黄河区	52.23	55.18
淮河区	102.67	107.04
长江区	588.16	613.59
其中：太湖流域	173.84	179.83
东南诸河区	92.7	98.34
珠江区	149.99	161.28
西南诸河区	4.32	4.69
西北诸河区	19.15	20.08

从行政分区看，工业用水量主要集中在华东地区及中南地区。各省级行政区中，江苏省工业毛用水量最大，为 200.12 亿 m³，占全国的 16.6%；广东、湖北、上海、湖南、安徽、浙江、河南、福建等省（直辖市）工业毛用水量也较大，在 50 亿～106 亿 m³，共占全国的 50.6%；低于 5 亿 m³ 的省级行政区有西藏、海南、宁夏、青海、天津和北京。各省级行政区工业毛用水量详见图 3－2－5 和附表 A10。按照东、中、西部地区统计，工业毛用水量分别为 600.64 亿 m³、415.57 亿 m³、186.78 亿 m³，分别占全国工业毛用水量的 49.9%、34.6%、15.5%。

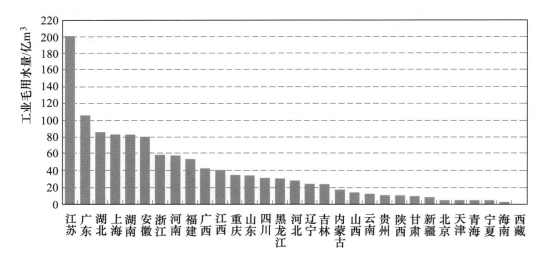

图 3－2－5　各省级行政区工业毛用水量

根据工业企业调查对象用水量成果按行业大类汇总，并利用各省级行政区 2011 年分行业大类工业总产值数据，采用分行业大类用水大户用水量直接相加、非用水大户用水量推算的方法计算。全国工业行业大类中，电力、热力的生产和供应业的用水量最大，达 530 亿 m³；非火（核）电工业中，化学原料及化学制品制造业用水量最大，达 100 亿 m³，其次是黑色金属冶炼及压延加工业、造纸及纸制品业、纺织业、非金属矿物制品业、有色金属冶炼及压延加工业、农副食品加工业、煤炭开采和洗选业，这些行业用水量均超过了 20 亿 m³。

第三节　工业用水指标分析

一、火（核）电工业用水指标

全国直流式火（核）电企业单位装机容量用水量为 269 m³/kW，各省级行政区差异不大。其中，单位装机容量用水量大于 400m³/kW 的省级行政区有广西、湖北和湖南。全国循环式火（核）电单位装机容量用水量为 28m³/kW，其中，单位装机容量用水量大于 15m³/kW 的省级行政区有重庆、吉林、江西、黑龙江、湖南、广西、安徽、四川等，单位装机容量用水量小于 5m³/kW 的省级行政区有海南和福建。各省级行政区直流式和循环式火（核）电单位装机容量用水量详见图 3-3-1 和图 3-3-2。

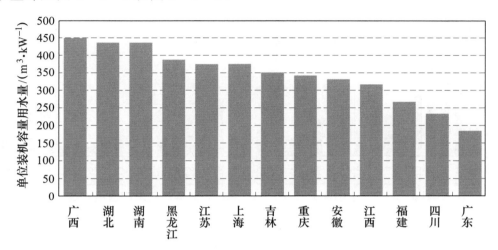

图 3-3-1 各省级行政区直流式火（核）电单位装机容量用水量

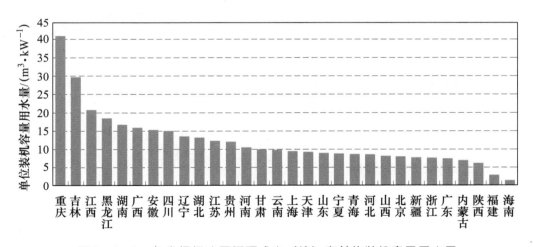

图 3-3-2 各省级行政区循环式火（核）电单位装机容量用水量

二、非火（核）电工业用水指标

根据工业企业用水调查，全国非火（核）电工业行业大类中，造纸及纸制品业万元总产值用水量最高，其他较高的行业依次为有色金属矿采选业，黑色金属矿采选业，非金属矿采选业，饮料制造业，化学原料及化学制品制造业，化学纤维制造业，纺织业等行业；万元总产值用水量较低（小于 5 m³/万元）的行业是家具制造业，烟草制品业，仪器仪表及文化、办公用机械制造业，专业设备制造业，通信设备、计算机及其他电子设备制造业，交通运输设备制造业，电气机械及器材制造业和通用设备制造业。全国非火（核）电工业大类万元总产值用水量详见图 3-3-3。

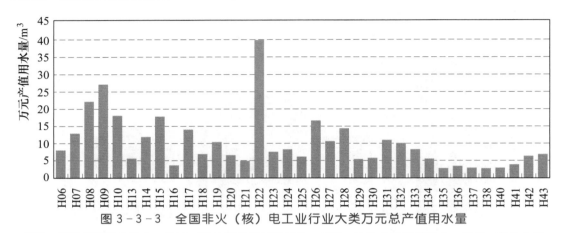

图 3-3-3　全国非火（核）电工业行业大类万元总产值用水量

H06—煤炭开采和洗选业；H07—石油和天然气开采业；H08—黑色金属矿采选业；H09—有色金属矿采选业；H10—非金属矿采选业；H13—农副食品加工业；H14—食品制造业；H15—饮料制造业；H16—烟草制品业；H17—纺织业；H18—纺织服装、鞋、帽制造业；H19—皮革、毛皮、羽毛（绒）及其制品业；H20—木材加工及木、竹、藤、棕、草制品业；H21—家具制造业；H22—造纸及纸制品业；H23—印刷业和记录媒介的复制；H24—文教体育用品制造业；H25—石油加工、炼焦及核燃料加工业；H26—化学原料及化学制品制造业；H27—医药制造业；H28—化学纤维制造业；H29—橡胶制品业；H30—塑料制品业；H31—非金属矿物制品业；H32—黑色金属冶炼及压延加工业；H33—有色金属冶炼及压延加工业；H34—金属制品业；H35—通用设备制造业；H36—专业设备制造业；H37—交通运输设备制造业；H38—电气机械及器材制造业；H40—通信设备、计算机及其他电子设备制造业；H41—仪器仪表及文化、办公用机械制造业；H42—工艺品及其他制造业；H43—废弃资源和废旧材料回收加工业

三、工业综合用水指标

按照工业毛用水量和中国统计年鉴中的工业增加值计算，全国万元工业增加值毛用水量为 63.8m³。北方 6 区万元工业增加值毛用水量为 30.2m³；南方 4 区万元工业增加值毛用水量为 70.7m³。各水资源一级区中，海河区、辽河区、黄河区的工业万元增加值毛用水量较小，小于 25 m³；长江区由于火（核）电直流冷却用水量较大，工业万元增加值毛用水量最大，为 84.0m³；西南诸河区万元工业增加值毛用水量较大，为 78.8m³。各水资源一级区万元工业增加值用水量详见表 3-3-1。

从全国水资源二级区万元工业增加值用水量分布看（详见附图 C4），我国万元工业增加值用水量呈现明显的地带分布特征。万元工业增加值用水量小于20m³的区域主要集中在黄河区、海河区、辽河区和西北诸河区等的二级区中，主要特征为区域水资源相对短缺。万元工业增加值用水量大于80m³的区域主要集中在长江区和珠江区的二级区中，主要特征为经济比较发达、水资源相对丰富。

表3-3-1　　　　各水资源一级区万元工业增加值用水量

水资源一级区	毛用水量/亿 m³	工业增加值/亿元	万元工业增加值用水量/m³
全国	1202.99	188470	63.8
北方6区	325.08	107685	30.2
南方4区	877.91	124192	70.7
松花江区	52.05	10342	50.3
辽河区	32.3	12765	25.3
海河区	58.43	27048	21.6
黄河区	55.18	21795	25.3
淮河区	107.04	31182	34.3
长江区	613.59	73050	84.0
其中：太湖流域	179.83	23040	78.1
东南诸河区	98.34	18621	52.8
珠江区	161.28	31924	50.5
西南诸河区	4.69	595	78.8
西北诸河区	20.08	4553	44.1

按照东、中、西部地区统计，由于西部地区直流冷却式火（核）电企业少，工业万元增加值毛用水量为43.3m³；东部地区虽然经济发展，但直流冷却式火（核）电企业比较集中，直流冷却取水量大，工业万元增加值毛用水量为46.5m³；中部地区工业万元增加值毛用水量为69.8m³。各省级行政区中，万元工业增加值毛用水量超过100m³的省级行政区有西藏、安徽、上海、湖南、湖北；万元工业增加值毛用水量小于20m³的省级行政区有天津、山东、北京、陕西。各省级行政区万元工业增加值毛用水量详见图3-3-4。

全国非火（核）电工业万元增加值毛用水量为35.7m³。东、中、西部地区非火（核）电工业万元增加值毛用水量分别为23.2m³、31.3m³、40.1m³。非火（核）电工业万元增加值毛用水量超过60m³的省级行政区有西藏、安徽；非火（核）电工业万元增加值毛用水量小于20m³的省级行政区有天津、

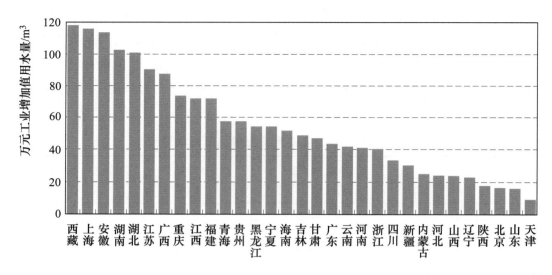

图 3 - 3 - 4　各省级行政区万元工业增加值毛用水量

山东、北京、内蒙古、陕西、上海、山西等。各省级行政区非火（核）电工业万元增加值毛用水量详见图 3 - 3 - 5。

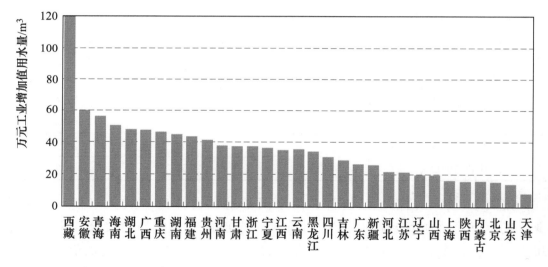

图 3 - 3 - 5　各省级行政区非火（核）电工业万元增加值毛用水量

　　从地级行政区万元工业增加值用水量分布看，我国万元工业增加值用水量呈现明显的地带分布，北方用水效率明显高于南方，经济发达地区效率明显高于欠发达地区。万元工业增加值用水量小于 20m³ 的区域，主要集中在华北地区、东北和西北的部分地区。万元工业增加值用水量大于 200m³，主要集中在中南地区。

第四章　建筑业及第三产业用水

建筑业及第三产业用水是城镇生活用水的重要组成部分。本章主要介绍建筑业及第三产业用水调查方法、用水大户及其典型用水户调查结果以及建筑业及第三产业的行业用水量调查结果。

第一节　用水户用水调查

建筑业及第三产业用水调查包括典型建筑企业、第三产业用水大户和第三产业典型用水户的用水调查。建筑业以典型企业作为调查对象，第三产业以全部的用水大户和采用系统抽样方法确定的一般用水户中的典型用水户作为调查对象，通过建立所有调查对象逐月取用水台账，获得其年用水量，并汇总分析区域用水大户的用水量和典型用水户的单位用水指标，作为推算全口径建筑业及第三产业用水量的基础。

一、调查内容与方法

（一）调查内容

建筑业与第三产业企业按照国民经济行业门类进行调查。建筑业采用典型调查方法，第三产业则采用用水大户逐个调查与一般用水户典型调查相结合的方式。主要调查内容包括单位的基本情况、所在水资源三级区名称及代码、从业人员、主要规模指标、年用水量、供排水量等。

（二）调查对象确定

1. 建筑业用水调查对象确定

建筑业用水户按照门类进行调查，门类代码为 E，包含第 47～50 大类。调查对象确定的步骤如下：

（1）获取和整理基础资料。根据全国第二次经济普查的基础资料，获取建筑企业的基本信息，包括单位名称、单位代码、所在地址、行业类别、行业代码、用水量规模等，形成建筑业用水调查的初始名录。

（2）初选调查对象。选取一定数量的建筑业企业作为典型进行调查，并由选取的建筑业企业选定有效的施工单位与项目进行调查。考虑到县级行政区建筑业企业数量较少，因此不采用抽样方法进行调查对象的确定，而是直接从初始名录中，选取 5～10 个典型企业作为调查对象。如果县级行政区建筑业企业数量不足 5 个，则均作为调查对象，这些调查对象即为初选的调查对象。

（3）核实和补充调查对象。逐一核实初选的调查对象，删除已经停产、倒闭的调查对象，并从初始名录中补充新的调查对象，以满足调查样本规定的数量。

（4）形成调查对象名录。将经过核实和补充的调查对象基本信息（单位名称、所在地址、行业类别、行业代码、用水量级别等）填入建筑业调查对象名录表，形成最终的调查对象名录。

2. 第三产业用水调查对象确定

第三产业用水户按照门类进行调查，其调查对象确定步骤如下：

（1）获取和整理基础资料。第三产业包括 15 个门类，门类代码为 F～T，每个门类包含若干个大类，详见表 4-1-1。根据全国第二次经济普查的基础资料，获取第三产业企业的基本信息，包括单位名称、单位代码、所在地址、行业类别、行业代码、用水量规模等，形成第三产业调查对象的初始名录。

表 4-1-1　　　　《国民经济行业分类》中第三产业分类

门类代码	门类名称	说　明
F	交通运输、仓储和邮政业	本类包括 51～59 大类
G	信息传输、计算机服务和软件业	本类包括 60～62 大类
H	批发和零售业	本类包括 63 和 65 大类
I	住宿和餐饮业	本类包括 66 和 67 大类
J	金融业	本类包括 68～71 大类
K	房地产业	本类包括 72 大类
L	租赁和商务服务业	本类包括 73 和 74 大类
M	科学研究、技术服务和地质勘查业	本类包括 75～78 大类
N	水利、环境和公共设施管理业	本类包括 79～81 大类
O	居民服务和其他服务业	本类包括 82～83 大类
P	教育	本类包括 84 大类
Q	卫生、社会保障和社会福利业	本类包括 85～87 大类

续表

门类代码	门类名称	说明
R	文化、体育和娱乐业	本类包括88~92大类
S	公共管理和社会组织	本类包括93~97大类
T	国际组织	本类包括98大类

注　采用《国民经济行业分类》(GB/T 4754—2002)标准。

(2) 初选调查对象。第三产业依据其用水量大小划分为用水大户和一般用水户，用水大户逐个调查，一般用水户进行典型调查。依据初始名录，确定需要调查的第三产业用水大户及典型用水户，形成初选的调查对象。具体步骤如下：

1) 初选第三产业用水大户调查对象。依据第三产业调查对象初始名录，筛选所有年用水量大于和等于5万t的机关和企事业单位。对于年用水量5万t及以上的机关和企事业单位数量较多的地区，适当提高用水大户的划分标准。通过以上方法确定的第三产业机关和企事业单位即为初选的第三产业用水大户调查对象。

2) 初选第三产业典型用水户调查对象。第三产业典型用水户调查对象采用抽样的方式选取。综合考虑调查精度、调查成本费用以及实际方案的可行性，将第三产业分为住宿餐饮业和其他第三产业，采用随机等距抽样方法选取典型用水户。抽样获取的名录即为初选的第三产业典型用水户调查对象。

(3) 补充和核实调查对象。初选调查对象后，一方面对第三产业用水大户进行补充，另一方面核实被选择的所有调查对象。第三产业补充的用水大户包括：第二次经济普查以后新建、扩建且符合用水大户规模的第三产业用水大户，以及在经济普查资料中被遗漏的第三产业用水大户。补充用水大户以后，还对每一个调查对象进行核实，对于已经停产、倒闭的用水户予以剔除。对于已经停产、倒闭及扩建后调整为用水大户的企事业单位重新从初始名录中进行更换，以满足调查样本规定的数量。

(4) 形成调查对象名录。将经过补充和核实后的调查对象基本信息(单位名称、所在地址、行业类别、行业代码、用水量规模等)填入第三产业调查对象名录表。形成最终的调查对象名录。

二、建筑业典型用水户调查

全国共选取建筑业典型调查对象13696户，各省级行政区建筑业典型调查对象数量差异较大，在 92～869 个，平均为 442 个。调查对象数量在 400 个以下的省级行政区共 10 个，在 400～600 的共 13 个，在 600～800 的共 6 个，大于 800 的共 2 个。按县级行政区数量统计，平均各县级行政区选取 5 个左右的建筑业典型调查对象。各省级行政区建筑业典型调查对象数量详见图 4-1-1 和附表 A11。

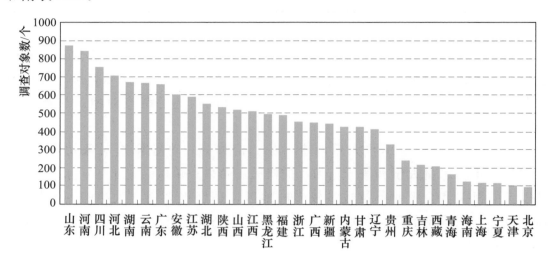

图 4-1-1　各省级行政区建筑业典型调查对象数量

全国建筑业典型调查对象完成施工面积 45117 万 m²，各省级行政区在 80 万～4108 万 m²。调查对象施工面积小于 2000 万 m² 的省级行政区共 24 个，在 2000 万～3000 万 m² 的共 6 个，大于 3000 万 m² 的仅有河北省，为 4108 万 m²，约占全国典型调查对象完成施工总面积的 9%。各省级行政区建筑业调查对象完成施工面积情况详见图 4-1-2 和附表 A11。

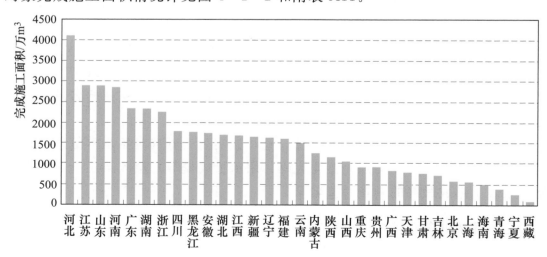

图 4-1-2　各省级行政区建筑业调查对象完成施工面积

全国建筑业典型调查对象用水量 3.26 亿 m³，各省级行政区调查对象用水量在 0.01 亿～0.23 亿 m³。用水量小于 0.05 亿 m³ 的省级行政区共 8 个，在 0.05 亿～0.1 亿 m³ 的共 6 个，在 0.1 亿～0.2 亿 m³ 的共 16 个，大于 0.2 亿 m³ 的仅有湖南省，为 0.23 亿 m³，约占全国的 7%。各省级行政区建筑业调查对象用水量详见图 4-1-3 和附表 A11。

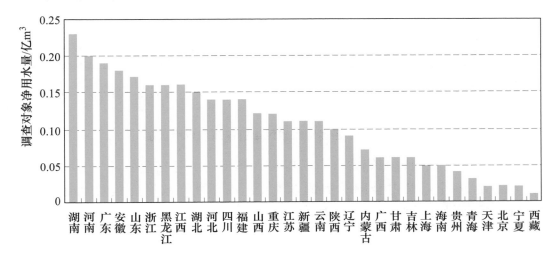

图 4-1-3 各省级行政区建筑业调查对象用水量

2011 年，全国建筑业典型调查对象平均单位建筑面积用水量为 0.72m³/m²。各省级行政区单位建筑面积用水量在 0.31～1.35m³/m²，差异明显，其中天津、河北、江苏、北京、贵州、辽宁、山东和内蒙古等省（自治区、直辖市）单位建筑面积用水量较少，低于 0.6 m³/m²；重庆、山西、安徽、湖南、江西、海南、黑龙江和福建等省（自治区、直辖市）单位建筑面积用水量较多，高于 0.9m³/m²。各省级行政区单位建筑面积用水量详见图 4-1-4 和附表 A11。

三、第三产业用水户调查

全国共选取第三产业调查对象 198975 个，其中用水大户调查对象 18768 个，典型用水户调查对象 180207 个。

（一）第三产业用水大户调查

1. 住宿餐饮业

全国共调查住宿餐饮业用水大户 4913 个，占第三产业用水大户调查对象总数量的 26%。各省级行政区住宿餐饮业用水大户调查对象在 13～807 个，平均为 158 个。其中，广东、浙江、江苏、湖南、四川和河南等省的住宿餐饮业调查对象数量较多，超过 200 个，共占全国总数的 51.0%；宁夏、西藏、

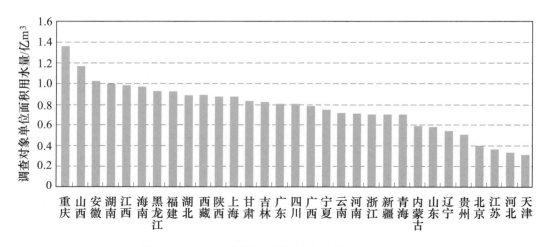

图 4-1-4 各省级行政区单位建筑面积用水量

吉林、甘肃、北京和青海等省（自治区、直辖市）的住宿餐饮业调查对象数量较少，不足 50 个，共占全国总数的 3.4%。各省级行政区住宿餐饮业用水大户调查对象数量详见图 4-1-5 和附表 A12。

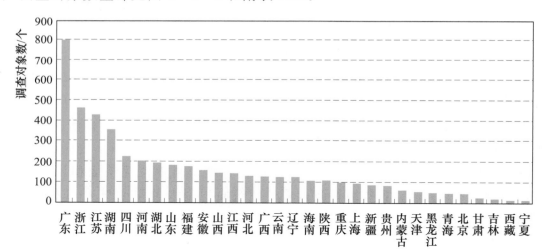

图 4-1-5 各省级行政区住宿餐饮业用水大户调查对象数量

全国住宿餐饮业用水大户调查对象从业人员 108.5 万人，占第三产业用水大户调查对象从业人员总数的 13%，各省级行政区从业人员数在 0.06 万～21.38 万。住宿餐饮业用水大户调查对象从业人员数在 5 万以下的省级行政区共 26 个，在 5 万～10 万的共 3 个，大于 10 万人的共 2 个，其中广东省住宿餐饮业用水大户调查对象从业人员数 21.38 万人，约占全国调查总数的 20%。各省级行政区住宿餐饮业用水大户调查对象从业人员详见图 4-1-6 和附表 A12。

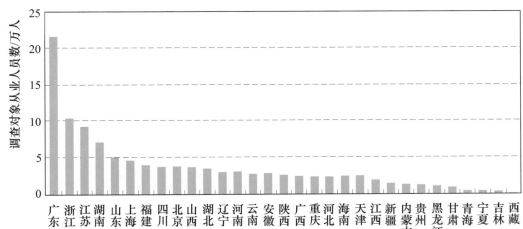

图 4-1-6　各省级行政区住宿餐饮业用水大户调查对象从业人员

全国住宿餐饮业用水大户调查对象净用水量 4.39 亿 m³，各省级行政区在 0.002 亿～0.94 亿 m³。用水量在 0.1 亿 m³ 以下的省级行政区共 12 个，在 0.1 亿～0.2 亿 m³ 的共 15 个，在 0.2 亿～0.5 亿 m³ 的共 3 个，大于 0.5 亿 m³ 的仅有广东省，为 0.94 亿 m³，约占全国调查对象净用水量的 21%。各省级行政区住宿餐饮业用水大户调查对象净用水量详见图 4-1-7 和附表 A12。

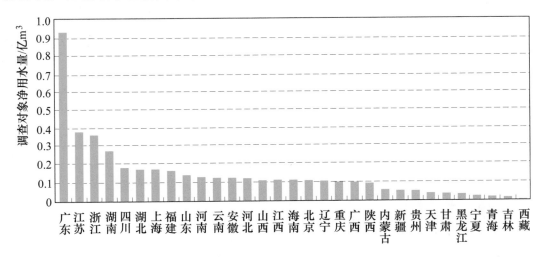

图 4-1-7　各省级行政区住宿餐饮业用水大户调查对象净用水量

全国住宿餐饮业用水大户调查对象从业人员人均日净用水量 1108L，各省级行政区在 439～1701L，天津最小，江西最大。从业人员人均净日用水量在 800L 以下的省级行政区有 2 个，在 800～1200L 的省级行政区有 19 个，在 1200～1701L 的省级行政区有 10 个。各省级行政区住宿餐饮业用水大户调查对象从业人员人均净用水量详见图 4-1-8 和附表 A12。

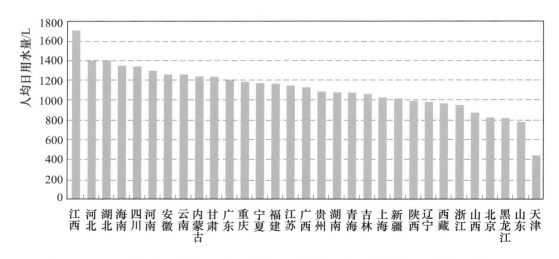

图 4-1-8 各省级行政区住宿餐饮业用水大户调查对象从业人员人均净用水量

2. 其他第三产业用水大户调查成果

全国共选取其他第三产业用水大户调查对象 13855 个，占第三产业用水大户调查对象总数的 74%。各省级行政区其他第三产业用水大户调查对象数量在 33~1872 个，平均为 447 个。其中，广东、浙江、江苏、湖南、湖北、四川、福建和河南等省的其他第三产业调查对象数量较多，超过 600 个，共占全国总数的 53.3%；西藏、宁夏、青海和吉林等 4 个省（自治区）的其他第三产业调查对象数量较少，不足 100 个，共占全国总数的 1.6%。各省级行政区其他第三产业用水大户调查对象数量详见图 4-1-9 和附表 A12。

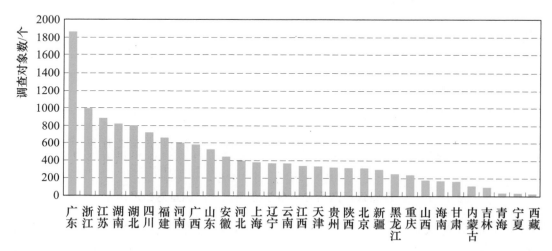

图 4-1-9 各省级行政区其他第三产业用水大户调查对象数量

全国其他第三产业用水大户调查对象从业人员 730.6 万人，占第三产业用水大户调查对象从业人员总数的 87%，各省级行政区从业人员数在 0.6 万~

71.8万人之间,平均为23.6万人。其他第三产业用水大户调查对象从业人员数在5万人以下的省级行政区共3个,在5万~20万人之间的共12个,在20万~60万人之间的共14个,在60万人以上的共2个,其中广东省71.8万人,占全国调查总数的10%。各省级行政区其他第三产业用水大户调查对象从业人员数量详见图4-1-10和附表A12。

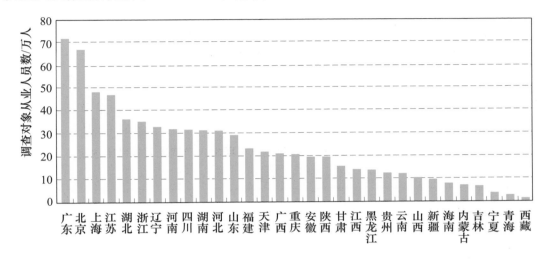

图4-1-10 各省级行政区其他第三产业用水大户调查对象从业人员数量

全国其他第三产业用水大户调查对象净用水量22.05亿m³,各省级行政区在0.02亿~2.63亿m³。其他第三产业用水大户调查对象净用水量在1.0亿m³以下的省级行政区共23个,在1.0亿~2.0亿m³之间的共7个,大于2.0亿m³的仅有广东省,为2.63亿m³,约占全国调查对象净用水量的12%。各省级行政区其他第三产业用水大户调查对象净用水量详见图4-1-11和附表A12。

全国其他第三产业用水大户调查对象从业人员人均日净用水量827L,各省级行政区在441~1499L,北京最小,海南最大。该指标在800L以下的省级行政区有12个,在800~1200L的有16个,在1200~1499L的有3个。各省级行政区其他第三产业用水大户调查对象从业人员人均净用水量详见图4-1-12和附表A12。

3. 第三产业用水大户

全国共调查第三产业用水大户18768个。其中广东、浙江、江苏、湖南和湖北等省的调查对象较多,第三产业用水大户数量在1000个以上,共占全国的40.9%;西藏、宁夏、青海、吉林、内蒙古和甘肃等省(自治区)的调查对象较少,第三产业用水大户数量不足200个,共占全国的3.7%。各省级行政区第三产业用水大户调查对象数量详见图4-1-13和附表A12。

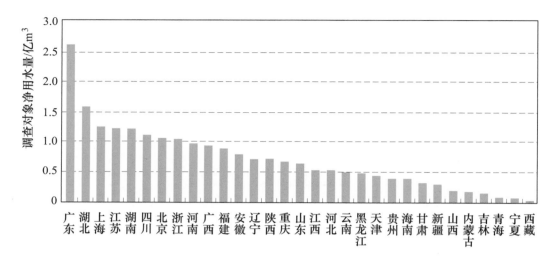

图 4-1-11　各省级行政区其他第三产业用水大户调查对象净用水量

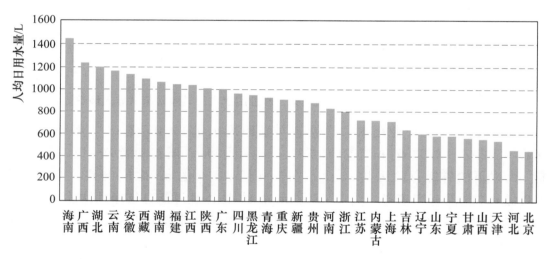

图 4-1-12　各省级行政区其他第三产业用水大户调查对象从业人员人均净用水量

全国第三产业用水大户净用水量 26.44 亿 m³，第三产业净用水量在 1.5 亿 m³ 以上的有广东、湖北、江苏、湖南等省，其中，广东省用水量最大为 4.05 亿 m³；用水量在 0.1 亿 m³ 以下的有西藏、宁夏、青海等省（自治区），其中，西藏自治区最小，为 0.03 亿 m³。各省级行政区第三产业用水大户调查对象用水量详见图 4-1-14。

全国第三产业用水大户综合人均日净用水量平均为 863L，各省级行政区第三产业用水大户综合人均日净用水量在 460～1425L，北京市最小，海南省最大。该指标 800L 以下的省级行政区有 11 个，在 800～1200L 的省级行政区有 17 个，在 1200～1500L 的省级行政区有 3 个。

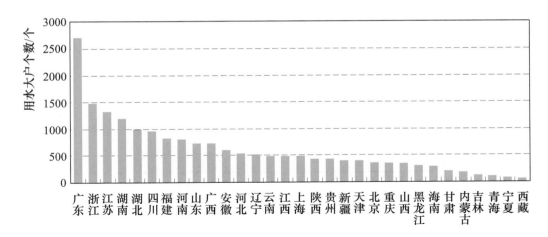

图 4-1-13　各省级行政区第三产业用水大户调查对象数量

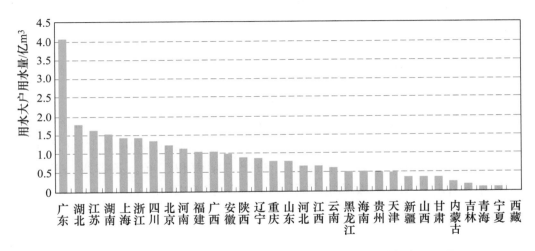

图 4-1-14　各省级行政区第三产业用水大户调查对象净用水量

全国第三产业用水大户年用水量 5 万（含）～10 万 t 调查对象从业人员人均日用水量平均为 569L，10 万（含）～20 万 t 为 740L，20 万（含）～50 万 t 为 942L，50 万（含）～100 万 t 为 1306L，100 万（含）t 以上为 1848L。从全国情况来看，随着调查对象用水规模的增加，其从业人员人均日用水量也随之增大。全国不同规模用水大户从业人员人均日用水量详见图 4-1-15。

第三产业是公共供水系统的主要供水对象。全国第三产业用水大户中 84.4% 的用户全部使用自来水，有 10.1% 的用户采用自备水源供水，只有 5.5% 的用户同时使用自来水和自备水源供水。其中，上海、江苏、浙江、福建、江西、湖北、广东、重庆、青海等省（直辖市）第三产业用水大户全部使用自来水的数量达到 90% 以上，吉林省和河南省的第三产业用水大户全部使用自来水的数量低于 50%。

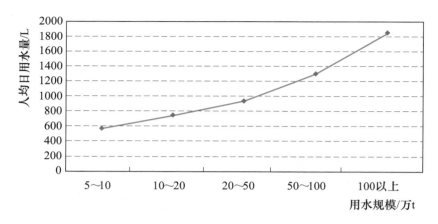

图 4-1-15　全国不同规模用水大户从业人员人均日用水量

（二）第三产业典型用水户调查

1. 住宿餐饮业

本次全国水利普查共选取第三产业典型用水户调查对象 180207 个，其中住宿餐饮业调查对象 69689 个，占第三产业典型用水户调查对象总数的 39%。各省级行政区住宿餐饮业典型户调查对象在 269～5446 个，平均为 2248 个。典型户调查对象数量在 1000 个以下的省级行政区共 5 个，包括青海、上海、天津、宁夏和海南；在 1000～3000 个的有 18 个；超过 3000 个的有 8 个，包括河南、新疆、四川、云南、内蒙古、贵州、湖南和江苏。各省级行政区住宿餐饮业典型用水户调查对象数量详见图 4-1-16 和附表 A13。

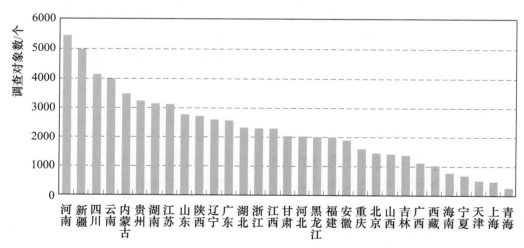

图 4-1-16　各省级行政区住宿餐饮业典型用水户调查对象数量

全国住宿餐饮业典型用水户调查对象从业人员 201.8 万人，占第三产业典型用水户调查对象从业人员总数的 21%，各省级行政区从业人员数在 0.59 万～

16.48 万人，平均为 6.51 万人。住宿餐饮业典型调查对象从业人员数在 5 万人以下的省级行政区共 12 个，在 5 万～10 万人之间的共 12 个，在 10 万人以上的共 7 个，其中北京市达 16.48 万人，约占全国调查总数的 8%。

全国住宿餐饮业典型用水户调查对象净用水量 4.40 亿 m^3，各省级行政区在 0.01 亿～0.35 亿 m^3。典型用水户调查对象净用水量在 0.1 亿 m^3 以下的省级行政区共 13 个，在 0.1 亿～0.2 亿 m^3 的共 11 个，在 0.2 亿～0.3 亿 m^3 的共 5 个，大于 0.3 亿 m^3 的有广东省和北京市，净用水量分别为 0.35 亿 m^3 和 0.34 亿 m^3，分别占全国调查总量的 8.0% 和 7.8%。

全国住宿餐饮业典型用水户调查对象从业人员人均日净用水量为 597L，各省级行政区在 439～1701L。其中，西藏、广西、广东、云南、海南、浙江、江苏、上海、湖南和江西等省（自治区、直辖市）住宿餐饮业典型户从业人员人均日净用水量较大，大于 700L，均属南方水资源较为丰富地区；内蒙古、甘肃、黑龙江、辽宁、山东、天津、河北、山西、吉林、宁夏、陕西和重庆等省（自治区、直辖市）的住宿餐饮业典型户从业人员人均日净用水量较小，小于 500L，大多属于北方水资源较为贫乏地区。各省级行政区住宿餐饮业典型用水户从业人员人均日净用水量详见图 4-1-17 和附表 A13。

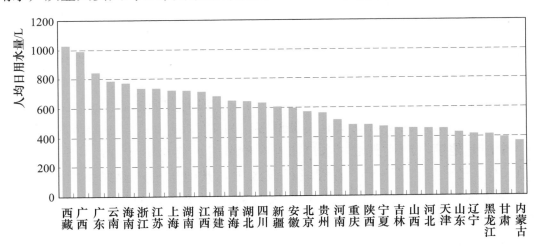

图 4-1-17 各省级行政区住宿餐饮业典型用水户调查对象从业人员人均日净用水量

2. 其他第三产业

全国共选取其他第三产业典型用水户调查对象 110518 个，占第三产业典型用水户调查对象总数的 61%。各省级行政区其他第三产业典型户调查对象在 663～8063 个，平均为 3565 个。各省级行政区中，上海、天津、海南、宁夏、青海、西藏、吉林、重庆的其他第三产业典型用水户调查对象数量较少，少于 2000 个；河南、四川、山东、河北的其他第三产业典型用水户调查对象数量较多，大于 5000 个。各省级行政区其他第三产业典型用水户调查对象数量详见图 4-1-18 和附表 A13。

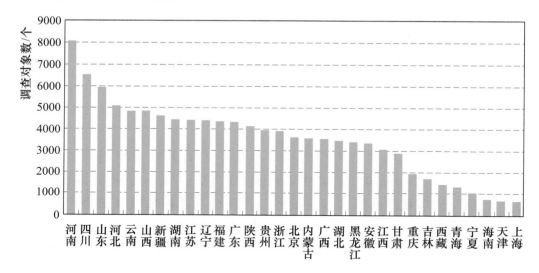

图 4-1-18 各省级行政区其他第三产业典型用水户调查对象数量

全国其他第三产业典型用水户调查对象从业人员 739.0 万人，占第三产业典型用水户调查对象从业人员总数的 79%，各省级行政区从业人员数在 1.98 万～123.58 万人，平均为 23.84 万人。各省级行政区中，其他第三产业典型户调查对象从业人员数在 10 万人以下的省级行政区共 5 个，包括西藏、海南、宁夏、青海和天津；在 10 万～20 万人的共 12 个，在 20 万～30 万人的共 10 个；大于 30 万人的有 4 个，包括北京、河南、河北和山东，其中北京其他第三产业典型用水户调查对象从业人员最多，为 123.58 万人，占全国的 17%。

全国其他第三产业典型用水户调查对象净用水量 6.68 亿 m³，各省级行政区在 0.03 亿～1.22 亿 m³。各省级行政区中，其他第三产业典型用水户调查对象净用水量在 0.1 亿 m³ 以下的省级行政区共 7 个，包括西藏、宁夏、青海、海南、天津、吉林和重庆；在 0.1 亿～0.3 亿 m³ 之间的共 19 个；大于 0.3 亿 m³ 的有 5 个，包括北京、河南、广东、四川、江苏，其中北京达 1.22 亿 m³，约占全国调查总量的 18%。

全国其他第三产业典型用水户调查对象从业人员人均日净用水量 248 L，各省级行政区在 132～430L。各省级行政区中，广西、海南、西藏、广东、湖北、湖南、江西、四川和江苏等省（自治区）的其他第三产业从业人员人均日净用水量较大，大于 300L，均属于南方水资源较为丰富的地区；山西、宁夏、河北、青海、甘肃、内蒙古、吉林、陕西、辽宁、黑龙江、天津和山东等省（自治区、直辖市）的其他第三产业从业人员人均日净用水量较小，小于

200L，均属于北方水资源较为贫乏的地区。各省级行政区其他第三产业典型用水户从业人员人均日净用水量详见图 4-1-19 和附表 A13。

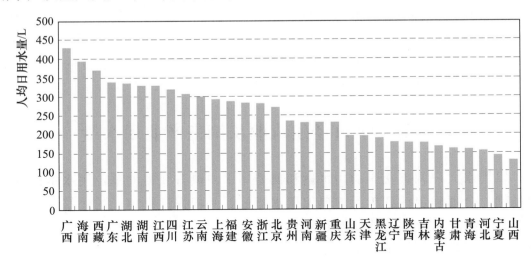

图 4-1-19　各省级行政区其他第三产业典型用水户调查对象从业人员人均日净用水量

3. 第三产业典型用水户

全国共选取第三产业典型用水户调查对象 180207 个，典型用水户净用水量 11.08 亿 m^3。全国第三产业典型用水户从业人员人均日净用水量平均为 323 L，各省级行政区在 197～544L。各省级行政区中，海南、广西、西藏和广东的第三产业典型用水户从业人员人均日净用水量较大，在 480L 以上；青海、河北、山西、甘肃、黑龙江、辽宁、吉林、内蒙古、宁夏和山东等 10 个省（自治区）的第三产业典型户从业人员人均日净用水量较小，在 250L 以下。各省级行政区第三产业从业人员人均日净用水量详见图 4-1-20。

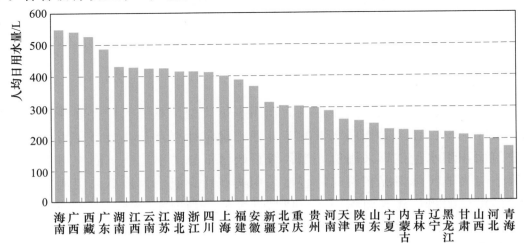

图 4-1-20　各省级行政区第三产业典型用水户调查对象从业人员人均日净用水量

全国典型调查对象中，85％的用户全部使用自来水作为水源，13％的用户全部使用自备水作为水源，只有 2％的用户同时使用自来水和自备水作为水源。各省级行政区中，上海、江苏、浙江、福建、湖北、湖南、广东、重庆、贵州、云南、甘肃、新疆等省（自治区、直辖市）第三产业典型用水户全部使用自来水作为水源的用水户比例达到 90％以上；吉林省和河南省的第三产业典型户全部使用自来水作为水源的用水户比例低于 50％。

第二节　全口径建筑业及第三产业用水量

以用水大户调查获得的用水量和典型用水户调查获得的单位用水指标成果为基础，合理确定计算单元的单位用水指标，并根据计算单元的建筑业竣工面积和第三产业从业人员数量推算建筑业及第三产业全口径用水量，并进行水资源分区和行政分区的用水量汇总。

一、建筑业用水量推算方法

（一）建筑业用水指标确定

计算全口径建筑业用水量的关键是根据典型调查合理确定单位建筑面积用水量的推算采用值。

1. 典型计算值

以县级行政分区为单元，对建筑业典型企业的有效用水调查表进行汇总，计算单位建筑面积用水量并作为典型计算值。单位建筑面积用水量典型计算值按下式计算：

$$\frac{\text{单位建筑面积用水量}}{(\text{m}^3/\text{m}^2)} = \frac{\text{有效样本典型建筑企业用水量合计（万 m}^3\text{）}}{\text{有效样本典型建筑企业完成施工面积合计（万 m}^2\text{）}}$$

本次普查，全国建筑业调查对象为 13696 个，其中有效样本采用率达到 92.2％。

2. 推算采用值

对县级行政区建筑业单位建筑面积用水量典型计算值进行合理性分析，并比较县际间单位建筑面积用水量的差异性，确定计算建筑业全口径用水量的单位建筑面积用水量推算采用值。当县级行政区汇总的单位建筑面积用水量典型计算值与当地实际情况相符时，直接采用典型计算值作为推算采用值。当县级行政区汇总的单位建筑面积用水量典型计算值与当地实际情况不相符时，则考虑当地商品混凝土用量比例、县际间差异合理性等因素，对典型计算值进行修正，确定单位建筑面积用水量推算采用值。当县级行政区无单位建筑面积用水量典型计算值（无典型调查对象或调查对象调查统计值无效等）时，借用邻近区县的单位建筑面积用水量推算采用值。

（二）用水量计算

区域建筑业用水量通过年竣工面积与单位建筑面积用水量的乘积计算。计算式如下：

$$建筑业用水量＝竣工面积×单位建筑面积用水量$$

上式中，竣工面积为区域当年房屋竣工面积，采用从统计主管部门获取的数据。单位建筑面积用水量为依据典型调查确定的单位建筑面积推算采用值。

二、第三产业用水量推算方法

第三产业用水量按照用水大户用水量逐一调查和非用水大户用水量进行典型调查估算的方法确定。

（一）第三产业非用水大户用水指标确定

计算第三产业非用水大户用水量的关键是根据典型调查成果合理确定其第三产业从业人员人均用水量推算采用值。

1. 典型计算值

以县级行政区为单元，对住宿餐饮业和其他第三产业典型用水户的有效用水调查表进行汇总，计算从业人员人均日用水量作为典型计算值。非用水大户第三产业从业人员人均日用水量典型计算值按下式计算：

$$\frac{从业人员人均日用水量}{典型计算值（L）}=\frac{1000×有效样本典型用水户年用水量合计（万\ m^3）}{有效样本典型用水户从业人员合计（万人）×365}$$

全国第三产业典型调查对象 180207 个，有效样本采用率达到 95.7%。

2. 推算采用值

对各县级行政区的住宿餐饮业和其他第三产业从业人员人均日用水量典型计算值进行合理性分析，并比较县际间从业人员人均日用水量的差异性，确定用于第三产业非用水大户全口径用水量计算的从业人员人均日用水量推算采用值。当县级行政区的从业人员人均日用水量典型计算值与当地实际情况相符时，直接采用典型计算值作为推算采用值。当县级行政区汇总的从业人员人均日用水量典型计算值与当地实际情况不相符时，首先分析各行业门类的用水指标，然后根据各行业门类的从业人员比例计算综合用水指标，并以此作为从业人员人均日用水量推算采用值。或根据典型计算值、考虑县际间差异性等因素，确定从业人员人均日用水量推算采用值。当县级行政区无从业人员人均日用水量典型计算值（无典型调查对象或调查对象调查统计值无效等）时，借用邻近区县的从业人员人均日用水量推算采用值。

（二）用水量计算

1. 第三产业全口径净用水量

第三产业全口径净用水量为用水大户净用水量与非用水大户净用水量之和。用水大户净用水量直接采用用水大户的调查成果，非用水大户净用水量通过从业人员数量与从业人员人均净用水量的乘积计算。

2. 第三产业净用水量

$$第三产业净用水量＝用水大户净用水量＋非用水大户从业人员$$
$$×非用水大户从业人员人均净用水量$$

上式中，非用水大户从业人员数量根据从统计主管部门获取的区域从业人员与用水大户从业人员的差计算。第三产业非用水大户从业人员人均净用水量为根据典型调查确定的第三产业从业人员人均净用水量推算采用值。

3. 第三产业输水损失

经济社会用水户用水调查，未包括跨县的长距离输水损失。因此，在计算区域第三产业毛用水量时，需要加入未调查统计的所有损失量。由于第三产业自备水源一般距离用水户较近，第三产业用水输水损失主要考虑使用自来水所应分摊的公共供水管网输水损失以及部分长距离从水源取水口至水厂间的输水损失，其分摊比例按其使用的自来水占全部自来水的比例计算。

（1）住宿餐饮业用水输水损失。

$$住宿餐饮业用水输水损失＝（城镇供水跨县输水损失$$
$$＋公共供水业管网输水损失）$$
$$×住宿餐饮业管网输水损失比例$$

$$\frac{住宿餐饮业管网}{输水损失比例}＝\frac{公共供水业公共服务售水量}{公共供水业售水总量}$$
$$×\frac{住宿餐饮业净用水量}{（住宿餐饮业净用水量＋其他第三产业净用水量）}$$

（2）其他第三产业用水输水损失。

$$其他第三产业用水输水损失＝（城镇供水跨县输水损失$$
$$＋公共供水业管网输水损失）$$
$$×其他第三产业管网输水损失比例$$

$$\frac{其他第三产业管网}{输水损失比例}＝\frac{公共供水业公共服务售水量}{公共供水业售水总量}$$
$$×\frac{其他第三产业净用水量}{（住宿餐饮业净用水量＋其他第三产业净用水量）}$$

4. 第三产业全口径毛用水量

第三产业全口径毛用水量为第三产业净用水量与第三产业用水输水损失之和。

三、建筑业全口径用水量

(一) 建筑业净用水量

根据县级行政区套水资源三级区的建筑业净用水量汇总,全国建筑业净用水量 19.90 亿 m^3,单位建筑面积用水量 $0.63m^3/m^2$。北方 6 区建筑业净用水量 8.12 亿 m^3,占全国的 41%,单位建筑面积用水量 $0.67m^3/m^2$;南方 4 区建筑业净用水量 11.78 亿 m^3,占全国的 59%,单位建筑面积用水量 $0.60m^3/m^2$。各水资源一级区建筑业净用水量在 0.24 亿~7.46 亿 m^3,其中建筑业净用水量在 1.0 亿 m^3 以下的有辽河区、西南诸河区、西北诸河区;在 1.0 亿~2.0 亿 m^3 的有松花江区、海河区;在 2.0 亿~3.0 亿 m^3 之间的有黄河区、淮河区、东南诸河区、珠江区;长江区建筑业净用水量最大为 7.46 亿 m^3,约占全国总量的 37%。各水资源一级区建筑业净用水量详见表 4-2-1。

表 4-2-1　　　　　　　各水资源一级区建筑业净用水量

水资源一级区	竣工面积 /万 m^2	建筑业净用水量 /亿 m^3	单位建筑面积用水量 /($m^3 \cdot m^{-2}$)
全国	316429	19.90	0.63
北方 6 区	121569	8.12	0.67
南方 4 区	194860	11.78	0.60
松花江区	8478	1.10	1.30
辽河区	18133	0.75	0.42
海河区	24605	1.56	0.63
黄河区	20990	2.02	0.96
淮河区	44616	2.21	0.49
长江区	125046	7.46	0.60
其中:太湖流域	40244	1.31	0.32
东南诸河区	48297	2.03	0.42
珠江区	19809	2.05	1.04
西南诸河区	1708	0.24	1.40
西北诸河区	4746	0.47	0.99

从行政分区看,2011 年东部地区建筑业净用水量 8.35 亿 m^3、中部地区 6.64 亿 m^3、西部地区 4.91 亿 m^3,分别占建筑业总用水量的 42%、33%、25%;东、中、西部地区建筑业净用水量从东到西呈下降趋势。与建筑业用水

量地域变化趋势相反，东部地区单位竣工面积用水量为 $0.44m^3/m^2$，中部地区 $0.89m^3/m^2$，西部地区 $0.97m^3/m^2$。各省级行政区建筑业全口径净用水量在 0.04 亿～1.79 亿 m^3。各省级行政区建筑业净用水量详见图 4-2-1 和附表 A14。

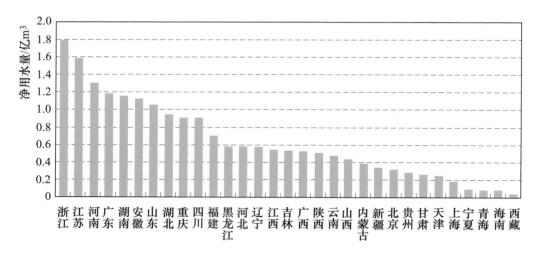

图 4-2-1　各省级行政区建筑业净用水量

（二）建筑业毛用水量

按照水利普查实施方案，建筑业用水不考虑输水损失，因此，建筑业全口径毛用水量与全口径净用水量一致。

四、第三产业全口径用水量

（一）第三产业净用水量

2011 年全国第三产业全口径净用水量 218.94 亿 m^3，其中住宿餐饮业净用水量 60.32 亿 m^3，其他第三产业净用水量 158.62 亿 m^3。北方 6 区第三产业净用水量 63.65 亿 m^3，占全国的 29%；南方 4 区第三产业净用水量 155.29 亿 m^3，占全国的 71%。各水资源一级区第三产业全口径净用水量在 2.45 亿～95.42 亿 m^3，其中长江区最多，为 95.42 亿 m^3，占全国的 43.6%；其次是珠江区，为 40.42 亿 m^3，占全国的 18.5%；西南诸河区最少，为 2.45 亿 m^3，占全国的 1.1%。各水资源一级区第三产业全口径净用水量详见表 4-2-2。

从行政分区看，东、中、西部地区第三产业净用水量分别占全国的 42%、31% 和 27%。各省级行政区中，第三产业全口径净用水量在 0.20 亿～24.16 亿 m^3，其中第三产业全口径净用水量在 5.0 亿 m^3 以下的省级行政区共 14 个，在 5.0 亿～10.0 亿 m^3 的共 9 个，在 10.0 亿～15.0 亿 m^3 的共 4 个，在 15.0 亿～20.0 亿 m^3 的共 3 个。各省级行政区第三产业净用水量详见附表 A15。

表 4-2-2　　　　　各水资源一级区第三产业全口径净用水量

水资源一级区	第三产业净用水量/亿 m³			第三产业毛用水量/亿 m³		
	住宿餐饮业	其他第三产业	合计	住宿餐饮业	其他第三产业	合计
全国	60.32	158.62	218.94	66.41	175.71	242.12
北方 6 区	17.09	46.56	63.65	18.99	51.79	70.78
南方 4 区	43.23	112.06	155.29	47.42	123.92	171.34
松花江区	2.14	3.82	5.97	2.42	4.58	6.99
辽河区	1.42	3.76	5.18	1.90	4.88	6.78
海河区	4.00	13.06	17.06	4.34	14.26	18.60
黄河区	3.38	7.82	11.20	3.80	8.87	12.67
淮河区	5.10	16.00	21.09	5.37	16.85	22.22
长江区	27.57	67.85	95.42	30.28	75.40	105.68
其中：太湖流域	3.90	11.20	15.10	4.67	12.55	17.22
东南诸河区	3.78	13.23	17.01	4.11	14.34	18.44
珠江区	10.99	29.44	40.42	12.05	32.60	44.65
西南诸河区	0.90	1.55	2.45	0.98	1.59	2.57
西北诸河区	1.05	2.10	3.15	1.16	2.36	3.52

（二）第三产业输水损失

全国第三产业用水输水损失 23.18 亿 m³，其中住宿餐饮业 6.10 亿 m³，其他第三产业 17.08 亿 m³。全国第三产业平均输水损失率为 9.6%，各水资源一级区为 5%～24%，北方 6 区第三产业输水损失率为 10.1%，南方 4 区为 9.4%。各水资源一级区中，松花江区、辽河区损失率较大，分别为 15%、24%。从行政分区看，各省级行政区输水损失率为 2.1%～31.8%，10% 以下的省级行政区有 18 个，10%～20% 的有 8 个，20% 以上的有 5 个。

（三）第三产业毛用水量

2011 年全国第三产业毛用水量 242.12 亿 m³，占全国总用水量的 3.9%。其中住宿餐饮业毛用水量 66.41 亿 m³，其他第三产业毛用水量 175.71 亿 m³，分别占第三产业用水量的 27.4% 和 72.6%。北方 6 区第三产业毛用水量 70.78 亿 m³，占全国第三产业毛用水量的 29%；南方 4 区 171.34 亿 m³，占全国的 71%。在各水资源一级区中，长江区第三产业毛用水量最高，达到 105.68 亿 m³，占全国第三产业毛用水量的 43.6%；珠江区、淮河区、海河区和东南诸河区第三产业毛用水量为 18 亿～45 亿 m³；西南诸河区第三产业毛用水量最低，仅为 2.57 亿 m³，仅占全国的 1.1%。各水资源一级区第三产业毛用水量详见表 4-2-2。

　　按东、中、西部地区统计，第三产业毛用水量分别为 104.63 亿 m³、74.96 亿 m³、62.53 亿 m³，分别占全国的 43%、31% 和 26%。各省级行政区中，第三产业毛用水量较大的省份主要集中在中南地区和华东地区。其中，广东省第三产业毛用水量最高，达到 27.68 亿 m³，占全国的 11%；第三产业用水量较多的还有四川、湖北、湖南、浙江、江苏等省；西藏、宁夏和青海的第三产业毛用水量较少，均低于 1 亿 m³。各省级行政区第三产业毛用水量详见图 4-2-2 和附表 A15。

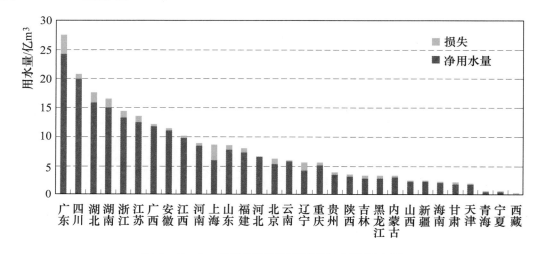

图 4-2-2　各省级行政区第三产业毛用水量

第三节　建筑业及第三产业用水指标分析

一、建筑业用水指标

　　按照供用水平衡后的建筑业毛用水量和中国统计年鉴中的房屋竣工面积计算，全国建筑业单位面积用水量为 0.63m³/m²。北方 6 区建筑业单位建筑面积用水量为 0.67m³/m²；南方 4 区单位建筑面积用水量为 0.60m³/m²。各水资源一级区单位建筑面积用水量在 0.42～1.40m³/m²，其中辽河区、东南诸河区和淮河区较小，西南诸河区和松花江区较大。各水资源一级区单位建筑面积用水量详见图 4-3-1。

　　各水资源二级区单位竣工面积用水量差异较大，建筑业单位面积用水量小于 0.5m³/m² 的水资源二级区共 11 个，介于 0.5～1.0m³/m² 的共 32 个，大

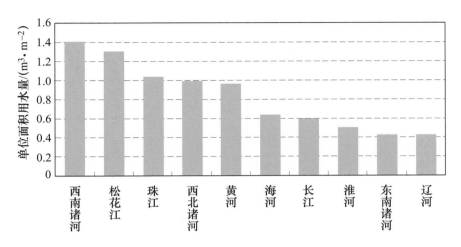

图4-3-1 各水资源一级区建筑业单位建筑面积用水量

于1.0m³/m²的共36个。建筑业单位面积用水量较大地区的地区主要集中在西南地区和东北地区的水资源二级区，较小的地区主要集中在辽河、海河、黄河、淮河和长江中下游的水资源二级区。

从行政分区看，建筑业单位面积用水量受区域经济发达程度影响，东、中、西部地区呈现递增趋势。东部地区建筑业单位面积用水量为0.44m³/m²，中部地区0.89m³/m²，西部地区0.97m³/m²。各省级行政区中，北京、河北、福建、山东、湖北、四川6个省（直辖市）单位竣工面积用水量在0.5～0.7m³/m²，与全国平均水平持平；辽宁、上海、江苏、浙江4个省（直辖市）单位竣工面积用水量在0.5m³/m²以下，用水效率高于全国平均水平；吉林、黑龙江、海南、广西等12个省（自治区、直辖市）单位竣工面积用水量大于1.0m³/m²，用水效率低于全国平均水平。

与省级行政区相比，各地级行政区单位竣工面积用水量差异较大，经济发达地区用水量明显较不发达地区小。全国66个地级行政区单位单位竣工面积用水量小于0.5m³/m²，50个地级行政区单位竣工面积用水量在0.5～0.7m³/m²，131个地级行政区单位竣工面积用水量大于1.0m³/m²。

二、第三产业用水指标

按照第三产业毛用水量和中国统计年鉴中的第三产业从业人员计算，全国第三产业从业人员人均日毛用水量为223L，南北方差异明显，从南到北整体呈减小趋势。北方6区第三产业从业人员人均日毛用水量为148L，南方4区为282L。各水资源一级区第三产业从业人员人均日毛用水量在123～294L，其中长江区和珠江区较高，在290L左右；松花江区和辽河区较低，在

125L 左右。各水资源一级区第三产业从业人员人均日毛用水量详见表 4-3-1
和图 4-3-2。

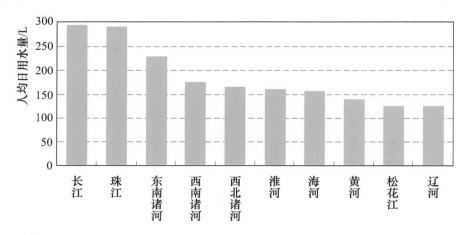

图 4-3-2　各水资源一级区第三产业从业人员人均日毛用水量

各水资源二级区第三产业从业人员人均毛用水量差异较大。从业人员人均
日毛用水量小于 200 L 的水资源二级区有 49 个，介于 200～300L 的有 20 个，
在 300L 以上的有 10 个。各水资源二级区单位竣工面积用水量在纬度方向上
分布大体均衡，呈现出较强的从南到北减小的纬度地带性特征。

表 4-3-1　　　　各水资源一级区第三产业人均日毛用水量

水资源一级区	用水指标/（L·人⁻¹·d⁻¹）		
	住宿餐饮业	其他第三产业	第三产业综合
全国	419	189	223
北方 6 区	265	127	148
南方 4 区	547	238	282
松花江区	187	108	127
辽河区	240	104	124
海河区	308	135	155
黄河区	270	116	140
淮河区	288	141	161
长江区	541	248	294
其中：太湖流域	581	182	224
东南诸河区	522	197	229
珠江区	616	245	292
西南诸河区	295	141	176
西北诸河区	287	136	165

　　从东、中、西部地区分布看，其第三产业从业人员人均日毛用水量分别为195L、251L、248L。各省级行政区第三产业从业人员人均日毛用水量在84～430L，差异较大，大于200L的有12个省（直辖市），小于200L的有19个省（自治区、直辖市）。其中，四川、广西、湖北、湖南、安徽和江西等6个省（自治区）第三产业人均日毛用水量较高，大于300L；西藏第三产业人均日毛用水量最小，仅84L。各省级行政区第三产业人均用水量详见图4-3-3。

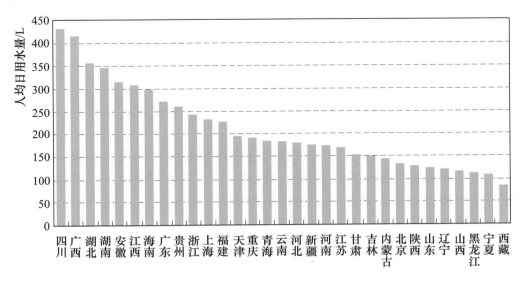

图4-3-3　各省级行政区第三产业从业人员人均日毛用水量

　　全国各地级行政区中，第三产业从业人员人均日毛用水量小于200L的地级行政区占52.6%，介于200（含）～300L的占27.0%，在300L（含）以上的20.4%。南方地区的地级行政区第三产业从业人员人均日毛用水量普遍高于北方地区的地级行政区。

第五章 农 业 用 水

农业用水包括农业灌溉用水和畜禽养殖用水。本章主要介绍农业用水调查方法、规模以上灌区及典型灌区用水调查结果、规模化畜禽养殖场用水调查结果，以及农业用水量调查成果。

第一节 用水户用水调查

农业用水调查包括灌区用水调查和规模化畜禽养殖场用水调查。选取全部的跨县灌区和规模以上非跨县灌区、规模以下非跨县典型灌区以及规模化畜禽养殖场作为调查对象，通过建立逐月取用水台账，获得其年用水量，并汇总分析区域规模以上灌区用水量和典型灌区及养殖场单位用水指标，以此作为推算全口径农业用水量的基础。

一、调查方法

（一）农业灌溉用水

1. 农业灌溉用水调查对象确定

农业灌溉用水通过灌区用水调查获得。由县级普查办组织收集灌区名录，对于边界不明确的灌区（如井灌区、井渠结合灌区和南方河网灌区），以行政村为单元，作为一个独立灌区对待。整理后形成灌区用水调查对象的初始名录。

利用灌区用水调查对象的初始名录，将灌区分为跨县灌区和非跨县灌区，非跨县灌区又进一步细分为规模以上非跨县灌区和规模以下非跨县灌区。将跨县灌区、规模以上非跨县灌区全部列为调查对象，规模以下非跨县灌区选取典型作为调查对象。

规模以上的划分标准为灌溉面积在 1 万亩及以上的灌区，主要为渠灌区（包括从水库、塘坝、湖泊、河流等地表水源取水的灌区）。对于没有 1 万亩（1 亩≈666.7m²）及以上灌区的县级行政区，可将规模以上标准下限调整为 2000～5000 亩。非跨县灌区中，除规模以上灌区外，其余为规模以下灌区，以行政村为单元临时划分形成的灌区全部作为规模以下非跨县灌区对待。

　　规模以下典型灌区选取的具体步骤为：①根据灌区用水调查对象初始名录，获取规模以下灌区名录（含辅助信息：面积、名称、地址、类型）；②根据水源类型（地表水和地下水）将灌区分为地表水灌区（渠灌区）、地下水灌区（井灌区）和混合灌区（井渠结合灌区）三类；③综合考虑灌区作物类型、地形条件、气候以及取用水计量程度等因素确定各类水源类型灌区的典型调查对象，以确保抽取的典型灌区能够较好地代表本县灌区用水状况。选取的典型灌区数量原则上不小于该水源类型灌区总数的20%，若数量很大，可适当减少为50个左右。

　　填写全部跨县灌区、全部规模以上非跨县灌区和规模以下典型非跨县灌区的相关信息，形成灌区调查对象名录。

　　2. 农业灌溉用水调查对象取用水指标获取

　　农业灌溉取用水调查的主要指标包括灌区2011年实际灌溉面积、2011年取水量、2011年用水量。灌区2011年实际灌溉面积（耕地实际灌溉面积和非耕地实际灌溉面积）一般采用灌区专项普查的成果❶，灌区2011年取水量和用水量则根据灌区用水计量情况，分别采取直接计量、间接计量、典型抽样调查、调查估算等进行统计和计算。

　　灌区取水量指灌区各取水口取用的水量（水井按井口出水量统计），灌区取水口包括跨县灌区主水源渠系向该县境内输水的分水口以及当地水源（水库、塘坝、湖泊、河流、地下水等）取水口。作为调查对象的灌区各取水口建立健全了计量设施（包括固定计量设施、临时计量设施或移动计量设施），记录各取水口的逐次取水量，从而获取灌区全年的取水量。利用取水工程从河流（含河流上的水库）、湖泊上取水的灌区取水口取水量，以及利用电动机、柴油机等动力机械抽取地下水的灌溉水井取水量，直接采用河湖开发治理保护情况普查和地下水取水井专项普查的取水量成果。

　　灌区用水量为各斗渠入水口（井灌区为井口）的引（提）水量，按斗口或井口统计；对直接从河道（渠道）、池塘取水到田间的小型泵站，按斗口处理。作为调查对象的灌区斗口和井口根据当地情况选取一定数量的典型斗口进行计量。利用取水工程从河流（含河流上的水库）、湖泊上取水的灌区斗口（按斗口对待的取水口）用水量，以及利用电动机、柴油机等动力机械抽取地下水的灌溉水井用水量，直接采用河湖开发治理保护情况普查和地下水取水井专项普

---

　　❶　耕地实际灌溉面积一般指水田和水浇地等的实际灌溉面积；非耕地实际灌溉面积一般指林果、牧草、鱼塘等的实际灌溉/补水面积。灌区专项普查中未包括大规模的鱼塘面积，如果该地区存在大规模鱼塘，则经济社会用水调查采用的实际灌溉/补水面积计入鱼塘面积。

查的取水量成果，其他典型斗口建立辅助台账，记录其用水量。斗口计量方式包括采用固定式量水堰、便携式流量计等；井口或小型泵站口的计量采用水表或 IC 卡，或采用抽水时间、水泵额定流量及用电量推求抽水量的方法；未计量的斗口或井口引（抽）水量参照同期临近有计量的斗口或井口水量推算。

作为调查对象的灌区，根据其各取水口的取水量，以及典型斗口的用水量，填写灌区取用水台账表，记录 2011 年各月或各次灌溉取用水量。并根据取用水台账表，填报灌区用水调查表。

（二）规模化畜禽养殖场用水

1. 规模化畜禽养殖场用水调查对象确定

规模化畜禽养殖场用水调查对象的确定，由县级水利普查机构组织，通过收集农业部门资料和污染源普查资料以及养殖场实地调查等方式完成。如果养殖场只养殖一种（大牲畜、小牲畜或家禽）畜禽，按表 5-1-1 适用标准直接确定畜禽养殖场规模，如养殖场同时养殖多种畜禽，按照大牲畜：小牲畜：家禽＝1：5：150 的比例统一折算为小牲畜后确定其规模。填报规模化畜禽养殖场的单位名称、单位代码、不同类别的畜禽数量等信息，形成规模化畜禽养殖场调查对象名录。

表 5-1-1　　　　　规模化畜禽养殖场适用规模（以存栏数计）

种类	规模	备注
大牲畜	≥100 头（匹）	大牲畜包括牛、马、驴、骡、骆驼等
小牲畜	≥500 头（只）	小牲畜包括猪、羊等
家禽	≥15000 只	家禽包括鸡、鸭、鹅等

2. 规模化畜禽养殖场用水调查对象取用水指标获取

规模化畜禽养殖场用水调查的主要指标包括 2011 年各类畜禽存栏数、2011 年用水量。

2011 年畜禽存栏数通过记录每个月月末存栏数，计算年平均存栏数。2011 年用水量按有无水表计量分别记录获取。对于有水表计量的用水量，年用水量采用年末和年初的水表读数差值计算，同时使用几种水源时，填写所有水源的用水总量；对于无水表计量的用水量，通过每月至少连续 3 天的平均日取用水量统计，推算各月用水量，汇总后得出年用水量。日取用水量通过取水时间、取水耗电量、取水或蓄水容器体积等因素估算。

二、农业灌溉用水户用水调查

本次普查全国共调查灌区 74479 个，平均每个县级行政区的调查对象数量

为 26 个。全国农业灌溉调查对象 2011 年的耕地和非耕地实际灌溉面积分别为
47392 万亩和 3960 万亩，分别占全国耕地和非耕地实际灌溉面积的 58.2% 和
50.7%。全国农业灌溉调查对象 2011 年的耕地和非耕地灌溉净用水量（入斗
口水量，下同）分别为 1723.90 亿 m^3 和 119.43 亿 m^3，分别占全国耕地和非
耕地灌溉净用水量的 64.4% 和 60.2%。此外，地下水取水井普查还对全国规
模以上的机电井和灌溉用水进行了全面普查，2011 年共有灌溉机电井 847.9
万眼，灌溉面积 36120.65 万亩。

（一）规模以上灌区用水调查

全国共调查规模以上灌区（包括跨县灌区）13879 个，平均每个省级行政
区有 448 个。各省级行政区中，安徽、湖北、湖南、云南、山东、江西、四川
和河南等省的规模以上灌区较多，在 700 个以上；上海、北京、海南、天津和
宁夏等省（自治区、直辖市）的规模以上灌区较少，在 100 个以下。

全国规模以上灌区调查对象 2011 年的耕地和非耕地实际灌溉面积分别为
41562 万亩和 3636 万亩，分别占全国耕地和非耕地实际灌溉面积的 51.1% 和
46.6%。各省级行政区中，新疆、山东、河南、湖北、江苏、安徽和内蒙古等
省（自治区）的规模以上灌区耕地实际灌溉面积较大，在 2000 万亩以上；上
海、北京、西藏、青海、海南、贵州和重庆等省（自治区、直辖市）的耕地实
际灌溉面积较小，在 200 万亩以下。各省级行政区规模以上灌区耕地实际灌溉
面积详见图 5-1-1 和附表 A16。

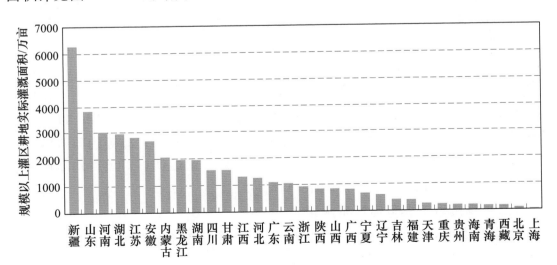

图 5-1-1 各省级行政区规模以上灌区耕地实际灌溉面积

全国规模以上灌区调查对象 2011 年的耕地和非耕地灌溉净用水量分别为
1541.24 亿 m^3 和 112.47 亿 m^3，分别占全国耕地和非耕地净用水量的 57.6%

和 56.7％。各省级行政区中，新疆、江苏、黑龙江、湖北、内蒙古和甘肃等省（自治区）的规模以上灌区耕地灌溉净用水量较大，在 70 亿 m³ 以上；上海、北京、重庆、西藏、青海、贵州、天津和海南等省（自治区、直辖市）规模以上灌区耕地灌溉净用水量较小，在 10 亿 m³ 以下。各省级行政区规模以上灌区耕地灌溉净用水量详见图 5－1－2 和附表 A16。规模以上灌区占全口径农业灌溉净用水量比例较大的为宁夏、甘肃和新疆等，达 90％以上，较小的为上海和北京。

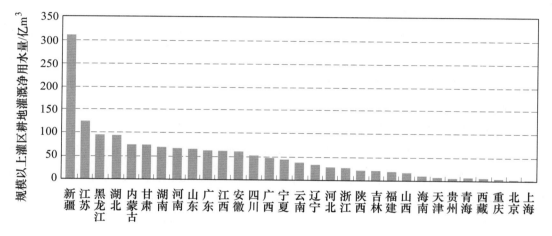

图 5－1－2　各省级行政区规模以上灌区耕地灌溉净用水量

全国规模以上灌区调查对象 2011 年的耕地和非耕地灌溉亩均净用水量分别为 371m³ 和 309m³。各省级行政区中，耕地灌溉亩均净用水量较大的为宁夏、广西、海南和辽宁等省（自治区），达 590m³ 以上；较小的为山东、山西、河南、北京、安徽、重庆、河北等省（直辖市），低于 250m³；内蒙古、云南和西藏等省（自治区）的耕地亩均净用水量与全国平均水平相当。非耕地亩均净用水量较大的为吉林、宁夏和新疆等省（自治区），达 390m³ 以上，较小的为上海、贵州、福建和重庆等，低于 100m³，海南和青海等的非耕地亩均净用水量与全国水平相当。各省级行政区规模以上灌区调查对象亩均净用水量详见图 5－1－3、图 5－1－4 和附表 A16。

（二）规模以下典型灌区用水调查

全国共调查规模以下典型灌区 60600 个，平均每个省级行政区有 1955 个调查对象。各省级行政区中，河北、湖南、山东、福建、贵州、四川和江西等省的典型灌区数量较多，大于 3000 个；上海、北京、青海、宁夏、天津、新疆和甘肃等省（自治区、直辖市）的典型灌区数量较少，小于 500 个。各省级行政区规模以下典型灌区数量详见图 5－1－5 和附表 A17。

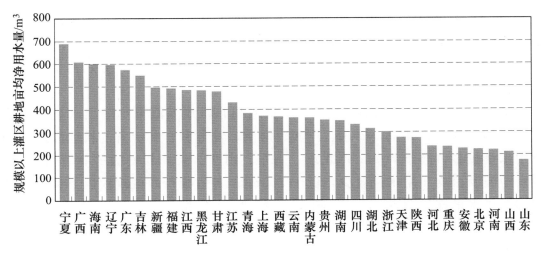

图 5-1-3　各省级行政区规模以上灌区耕地亩均净用水量

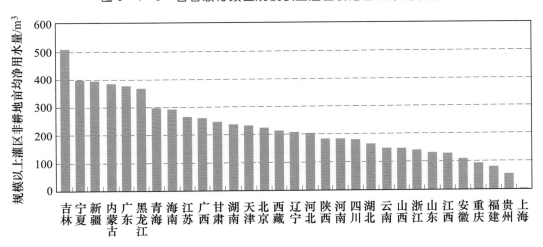

图 5-1-4　各省级行政区规模以上灌区非耕地亩均净用水量

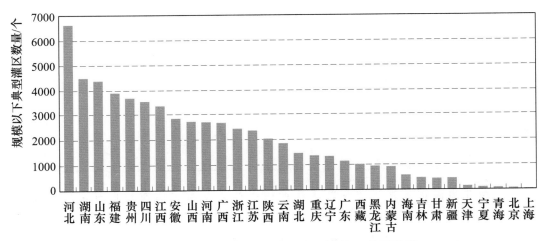

图 5-1-5　各省级行政区规模以下典型灌区数量

全国规模以下典型灌区调查对象 2011 年的耕地和非耕地实际灌溉面积分别为 5830 万亩和 324 万亩，分别占全国耕地和非耕地实际灌溉面积的 7.1% 和 4.1%。灌溉净用水量分别为 182.69 亿 m³ 和 6.96 亿 m³，分别占全国耕地和非耕地灌溉净用水量的 6.8% 和 3.5%。

全国规模以下典型灌区 2011 年的耕地和非耕地灌溉亩均净用水量分别为 313m³ 和 215m³。其中，广东、广西、海南、江苏和吉林等省的耕地灌溉亩均净用水量较多，高于 500m³；北京、山东、山西、天津和安徽等省（直辖市）的耕地灌溉亩均净用水量较少，低于 200m³。各省级行政区规模以下典型灌区亩均净用水量详见图 5-1-6、图 5-1-7 和附表 A17。

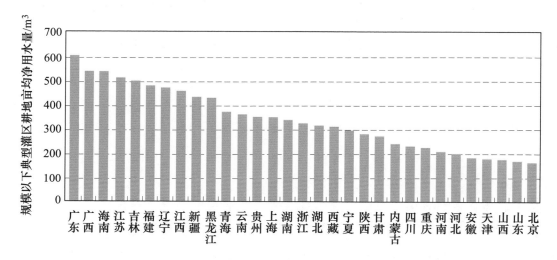

图 5-1-6　各省级行政区规模以下典型灌区耕地亩均净用水量

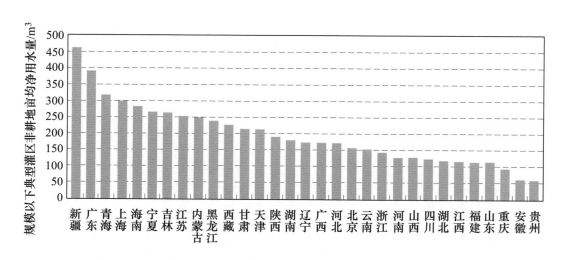

图 5-1-7　各省级行政区规模以下典型灌区非耕地亩均净用水量

三、规模化畜禽养殖场用水调查

全国共调查规模化畜禽养殖场 54797 个，平均每个县级行政区调查对象数量为 19 个。各省级行政区中，河南、广东、山东、河北、湖北和湖南的规模化畜禽养殖场调查对象数量较多，高于 3000 个；西藏、青海、海南、上海、天津和贵州的规模化畜禽养殖场调查对象数量较少，低于 500 个。各省级行政区规模化畜禽养殖场调查对象数量详见图 5-1-8 和附表 A18。

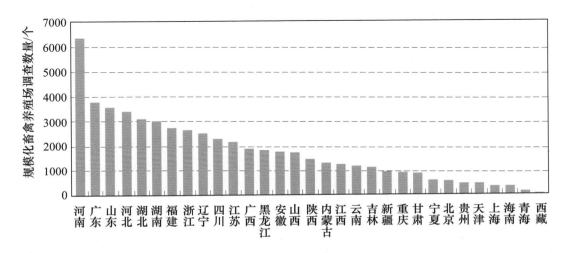

图 5-1-8　各省级行政区规模化畜禽养殖场调查对象数量

2011 年全国规模化畜禽养殖场调查对象饲养大牲畜 431 万头、小牲畜 5347 万头、家禽 51511 万只，大牲畜养殖用水量为 0.83 亿 m^3、小牲畜养殖用水量为 4.15 亿 m^3、家禽养殖用水量为 1.10 亿 m^3。

2011 年，全国规模化畜禽养殖场调查对象的大牲畜日用水量为 52.5L/头，小牲畜日用水量为 21.2L/头，家禽日用水量为 0.59L/只。各省级行政区中，大牲畜单位用水量较大的有上海、广东、浙江、黑龙江和重庆等省（直辖市），高于 60 L/头；较小的有海南、福建、西藏和安徽等省（自治区），低于 40L/头。小牲畜单位用水量较大的有重庆、广东、福建和广西等省（自治区、直辖市），高于 25 L/头；较小的有青海、新疆、宁夏、内蒙古、海南、西藏和江苏等省（自治区），低于 15L/头。家禽单位用水量较大的有湖南、重庆、河南、黑龙江、安徽和青海等省（自治区、直辖市），高于 0.8L/只；较小的有天津、福建、宁夏、山东、江苏、河北和新疆等省（自治区、直辖市），低于 0.5L/头。各省级行政区单位畜禽养殖用水量详见图 5-1-9、图 5-1-10 和附表 A18。

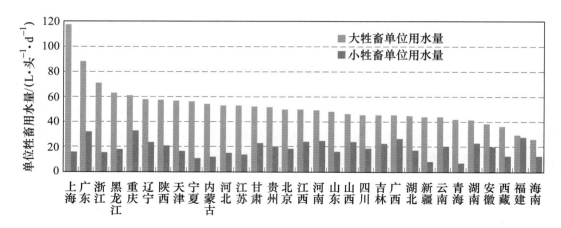

图 5 - 1 - 9　各省级行政区单位牲畜养殖用水量

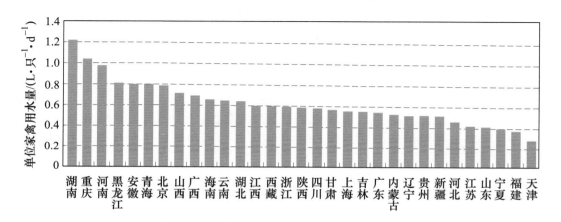

图 5 - 1 - 10　各省级行政区单位家禽养殖用水量

第二节　全口径农业用水量

以规模以上灌区调查获得的用水量和典型灌区及规模化畜禽养殖场调查获得的单位用水指标成果为基础，合理确定计算单元的单位用水指标，并根据计算单元的实际灌溉面积和畜禽数量推算农业全口径用水量，并进行水资源分区和行政分区的用水量汇总。

一、计算方法

（一）规模以下农业灌溉亩均用水量确定

以县级行政区为单元，对去除无效样本后的规模以下典型灌区调查成果进行汇总，计算各行政分区的耕地灌溉和非耕地灌溉亩均用水量，获得亩均用水量典型计算值，并与本省级行政区发布的以往相关成果进行比较分析，同时对县际间亩均用水量差异的合理性进行分析。

当选择的典型灌区种植结构和水源类型，与当地的实际情况基本一致，且按县级行政区汇总的亩均净用水量典型计算值符合当地实际情况，则直接采用典型计算值作为全口径农业灌溉用水量计算的推算采用值。当选择的典型灌区种植结构或水源类型，与当地的实际情况差异较大，或按县级行政区汇总的亩均净用水量典型计算值不符合当地实际情况，则根据调查成果分析不同种植结构、灌溉制度或水源类型等条件下的亩均净用水量，并结合相应类型的灌溉面积比例重新进行加权计算来确定亩均净用水量，作为全口径农业灌溉用水量计算的推算采用值。或参考条件相似的临近县可靠的亩均净用水量作为推算采用值。

（二）农业灌溉全口径净用水量

按规模以上灌区（包括跨县灌区）灌溉用水量和规模以下灌区灌溉用水量分别计算获得。规模以上灌区（包括跨县灌区）净用水量直接采用用水调查汇总成果，包括耕地灌溉和非耕地灌溉的实际灌溉面积、净用水量等数据。规模以下灌区灌溉净用水量根据耕地灌溉和非耕地灌溉亩均用水量推算采用值，以及相应规模以下非跨县灌区实际灌溉面积计算。规模以下非跨县灌区灌溉净用水量按下式计算：

规模以下耕地灌溉净用水量（万 m^3）＝规模以下耕地实际灌溉面积（万亩）
$$×耕地灌溉亩均净用水量（m^3/亩）$$

规模以下非耕地灌溉净用水量（万 m^3）＝规模以下非耕地实际灌溉面积（万亩）
$$×非耕地灌溉亩均净用水量（m^3/亩）$$

耕地（或非耕地）灌溉亩均净用水量为依据典型调查确定的灌溉亩均净用水量推算采用值。规模以下灌区耕地（或非耕地）实际灌溉面积为整个县级行政区耕地（或非耕地）实际灌溉面积与规模以上灌区（包括跨县灌区）耕地（或非耕地）实际灌溉面积之差。县级行政区全部耕地（或非耕地）实际灌溉面积一般直接采用灌区专项普查成果，但对于存在大规模鱼塘的区域，还需加上人工鱼塘补水面积。

县级行政区全口径灌溉净用水量为规模以上灌区（包括跨县灌区）净用水量与规模以下灌区净用水量之和。

（三）农业灌溉全口径毛用水量

农业灌溉全口径毛用水量初步成果为净用水量与输水损失的和。农业灌溉输水损失包括县级行政区内的农业灌溉渠系取水口至斗渠入水口（净用水计量点）之间的输水损失，以及灌区从县外取水的过程中在县外范围的输水损失。

全县农业灌溉输水损失按跨县灌区的跨县输水损失、跨县灌区及规模以上非跨县灌区县内输水损失以及规模以下非跨县灌区输水损失三部分计算。耕地灌溉和非耕地灌溉输水损失分别按下式计算：

1. 耕地灌溉输水损失

耕地灌溉输水损失＝跨县灌区的跨县耕地输水损失

　　　　　　　　＋跨县灌区及规模以上非跨县灌区县内耕地输水损失

　　　　　　　　＋规模以下非跨县灌区耕地输水损失

跨县灌区的跨县耕地输水损失

＝跨县输水损失总量

$$\times \frac{跨县灌区耕地净用水量}{跨县灌区耕地净用水量＋跨县灌区非耕地净用水量＋非农业用水量}$$

跨县灌区及规模以上非跨县灌区县内耕地输水损失＝规模以上灌区耕地毛用水量－规模以上灌区耕地净用水量

规模以下非跨县灌区耕地输水损失

＝规模以下灌区耕地净用水量

$$\times \frac{规模以下典型灌区耕地毛用水量－规模以下典型灌区耕地净用水量}{规模以下典型灌区耕地净用水量}$$

2. 非耕地灌溉输水损失

非耕地灌溉输水损失＝跨县灌区的跨县非耕地输水损失＋跨县灌区及规模以上非跨县灌区县内非耕地输水损失＋规模以下非跨县灌区非耕地输水损失

跨县灌区的跨县非耕地输水损失

＝跨县输水损失总量

$$\times \frac{跨县灌区非耕地净用水量}{跨县灌区耕地净用水量＋跨县灌区非耕地净用水量＋非农业用水量}$$

跨县灌区及规模以上非跨县灌区县内非耕地输水损失＝规模以上灌区非耕地毛用水量－规模以上灌区非耕地净用水量

规模以下非跨县灌区非耕地输水损失

＝规模以下灌区非耕地净用水量

$$\times \frac{规模以下典型灌区非耕地毛用水量－规模以下典型灌区非耕地净用水量}{规模以下典型灌区非耕地净用水量}$$

跨县输水损失总量根据输水量、输水距离和渠系状况综合确定；规模以上灌区（包括跨县灌区）耕地（非耕地）灌溉的县内输水损失根据调查表的取用水之差和相应比例计算；规模以下灌区的耕地（非耕地）灌溉县内输水损失根据规模以下典型灌区的取用水之差和相应比例计算。

二、规模化畜禽养殖场用水量推算方法

（一）畜禽养殖单位用水量确定

以县级行政区为单元，对去除无效样本后的规模化畜禽养殖场用水调查成果进行汇总，计算大牲畜、小牲畜和家禽的日用水量，获得单位畜禽日用水量典型计算值，并与本省级行政区发布的相关成果进行比较分析，同时对县际间单位畜禽日用水量进行对比分析。

一般直接采用典型计算值作为畜禽全口径用水量的推算采用值。当某个县级行政区未进行规模化畜禽养殖场用水调查，其单位畜禽日用水量的推算采用值采用周边条件相似区县的数值代替。

（二）畜禽养殖全口径净用水量

利用典型调查确定的各县级行政区单位畜禽日用水量推算采用值，以及各计算单元相应畜禽数量，分析推算各计算单元全口径畜禽净用水量。全口径畜禽净用水量按下式计算：

计算单元大牲畜净用水量（万 m^3）＝计算单元大牲畜数量（万头）

$\qquad$ ×单位大牲畜日用水量（L）×365/1000

计算单元小牲畜净用水量（万 m^3）＝计算单元小牲畜数量（万头）

$\qquad$ ×单位小牲畜日用水量（L）×365/1000

计算单元家禽净用水量（万 m^3）＝计算单元家禽数量（万只）

$\qquad$ ×单位家禽日用水量（L）×365/1000

式中，各计算单元畜禽数量采用从统计部门获取的 2011 年底畜禽存栏数，单位畜禽日用水量采用典型调查确定的推算采用值。

（三）畜禽养殖全口径毛用水量

本次普查不考虑畜禽养殖的输水损失，因此畜禽养殖的毛用水量等于净用水量。

三、耕地灌溉用水量

（一）2011 年实际灌溉面积

2011 年全国耕地实灌面积[1]为 81381 万亩。其中，北方 6 区为 51383 万亩，占全国的 63.1%；南方 4 区为 29998 万亩，占全国的 36.9%。各水资源一级区中，长江区和淮河区的耕地实灌面积最大，分别为 20354 万亩和 15301

---

[1]　经济社会用水情况调查中的"耕地实灌面积"包括耕地上开挖的鱼塘面积，与灌区基本情况普查中的成果略有差异。

万亩；海河区、西北诸河区和松花江区的耕地实灌面积也较大，在 7500 万～10000 万亩之间；西南诸河区和东南诸河区的最小，分别为 1391 万亩和 2663 万亩。2011 年水资源一级区耕地实际灌溉面积详见表 5-2-1。

表 5-2-1　　　　　　　　各水资源一级区耕地灌溉用水量

水资源一级区	耕　地　灌　溉			
	实际灌溉面积 /万亩	净用水量 /亿 m³	毛用水量 /亿 m³	亩均毛用水量 /m³
全国	81381	2675.53	3792.19	466
北方 6 区	51383	1521.54	1978.33	385
南方 4 区	29998	1153.99	1813.86	605
松花江区	7558	284.04	366.18	484
辽河区	3052	104.75	128.62	421
海河区	9841	195.08	222.80	226
黄河区	7225	213.91	283.26	392
淮河区	15301	320.37	426.62	279
长江区	20354	698.16	1063.51	522
其中：太湖流域	1318	57.82	77.44	587
东南诸河区	2663	101.92	159.54	599
珠江区	5591	300.90	513.02	918
西南诸河区	1391	53.00	77.78	559
西北诸河区	8406	403.37	550.84	655

从省级行政区看，山东、新疆和河南 3 个省（自治区）的耕地实灌面积最大，在 6800 万亩左右；河北、黑龙江和安徽 3 个省的耕地实灌面积也较大，在 5600 万亩左右；北京、青海和上海 3 个省（直辖市）的最小，分别为 205 万亩、232 万亩和 299 万亩，各省级行政区耕地实际灌溉面积详见图 5-2-1。

（二）耕地灌溉净用水量

2011 年全国耕地灌溉净用水量 2675.53 亿 m³，北方 6 区和南方 4 区的净用水量分别为 1521.54 亿 m³ 和 1153.99 亿 m³，分别占全国耕地灌溉净用水量的 56.9% 和 43.1%。各水资源一级区农业灌溉净用水量详见表 5-2-1。

从省级行政区看，东部、中部和西部地区耕地灌溉净用水量分别为 816.57 亿 m³、912.04 亿 m³ 和 946.92 亿 m³，分别占全国农业灌溉净用水量的 30.5%、34.1% 和 35.4%。各省级行政区耕地灌溉净用水量详见图 5-2-2。

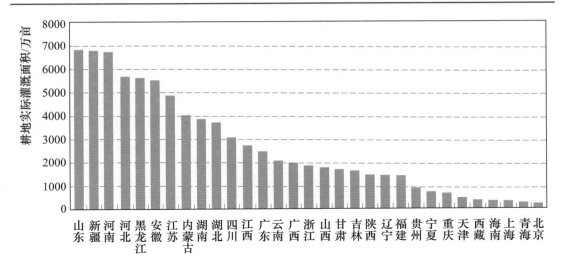

图 5-2-1 各省级行政区耕地实际灌溉面积

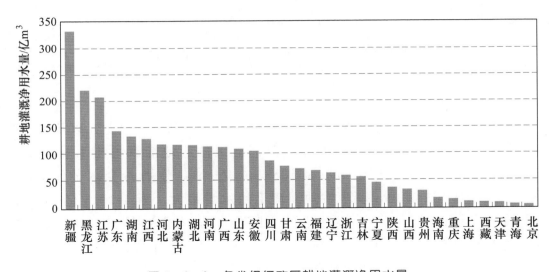

图 5-2-2 各省级行政区耕地灌溉净用水量

（三）耕地灌溉输水损失量

2011 年全国耕地灌溉输水损失 1116.66 亿 m³。北方 6 区和南方 4 区耕地灌溉输水损失分别为 456.79 亿 m³ 和 659.87 亿 m³。其中，长江区的耕地灌溉输水损失总量最大，达 366.35 亿 m³，占全国耕地灌溉输水损失总量的 32.7%；辽河区的耕地灌溉输水损失总量最小，为 23.87 亿 m³，占全国 2.1%。

从省级行政区看，新疆的耕地灌溉输水损失最大，为 129.18 亿 m³，占全国耕地灌溉输水损失总量的 11.5%；北京的耕地灌溉输水损失最小，仅为 0.44 亿 m³，占全国的 0.04%。

（四）耕地灌溉毛用水量

2011 年全国耕地灌溉毛用水量为 3792.19 亿 m³，占全国经济社会总用水量的 61.0%。北方 6 区和南方 4 区的耕地灌溉毛用水量分别为 1978.33 亿 m³ 和 1813.86 亿 m³，分别占全国耕地灌溉毛用水量的 52.2% 和 47.8%。其中，长江区的耕地灌溉毛用水量最大，达 1063.51 亿 m³，占全国的 28.0%；西北诸河区和珠江区的耕地灌溉毛用水量也较大，分别为 550.84 亿 m³ 和 513.02 亿 m³，分别占全国的 14.5% 和 13.5%；西南诸河区的耕地灌溉毛用水量最小，为 77.78 亿 m³，仅占全国的 2.1%。各水资源一级区耕地灌溉毛用水量详见表 5-2-1 和图 5-2-3。

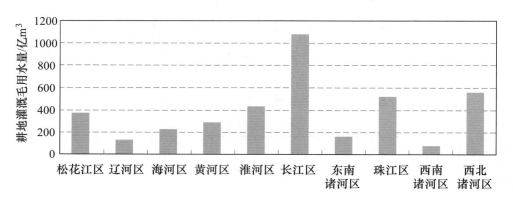

图 5-2-3　各水资源一级区耕地灌溉毛用水量

从省级行政区看，我国耕地灌溉用水主要集中在新疆、黑龙江以及华东地区和中南地区的省份。东部、中部和西部地区的耕地灌溉毛用水量分别为 1122.29 亿 m³、1310.06 亿 m³ 和 1359.84 亿 m³，分别占全国的 29.6%、34.5% 和 35.9%。其中，新疆耕地灌溉毛用水量最大，为 461.13 亿 m³，占全国的 12.2%；黑龙江、江苏、广东、江西、广西和湖南等省（自治区）的耕地灌溉毛用水量也较大，在 200 亿～280 亿 m³，合计共占全国的 37.3%；北京、天津、上海、青海和西藏等省（自治区、直辖市）的耕地灌溉毛用水量较小，在 20 亿 m³ 以下，合计共占全国的 1.8%。各省级行政区耕地灌溉毛用水量详见图 5-2-4 和附表 A19。

四、非耕地灌溉用水量

（一）2011 年实际灌溉面积

2011 年全国非耕地实际灌溉面积❶为 7805 万亩。其中西北诸河区和长江区的非耕地实际灌溉面积最大，分别为 2080 万亩和 1727 万亩；松花江区、西

---

❶　经济社会用水情况调查中的"非耕地实灌面积"包括非耕地上开挖的鱼塘面积，与灌区基本情况普查中的"园林草地等非耕地实灌面积"成果略有差异。

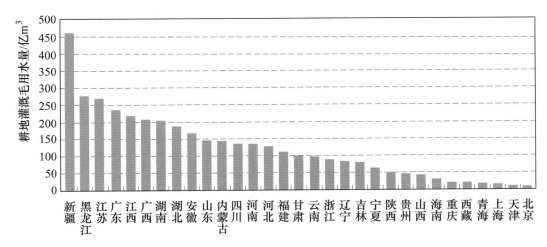

图 5-2-4　各省级行政区耕地灌溉毛用水量

南诸河区和辽河区的最小，分别为 168 万亩、282 万亩和 298 万亩，各水资源一级区非耕地实际灌溉面积详见表 5-2-2。

从省级行政区看，新疆非耕地实际灌溉面积最大，为 1771 万亩；贵州、上海、天津和山西等省（直辖市）最小，分别为 13 万亩、31 万亩、40 万亩和 56 万亩，各省级行政区非耕地实际灌溉面积详见附表 A19。

（二）非耕地灌溉净用水量

2011 年全国非耕地灌溉净用水量为 198.40 亿 m³，北方 6 区和南方 4 区的净用水量分别为 132.21 亿 m³ 和 66.19 亿 m³。各水资源一级区全口径非耕地灌溉净用水量详见表 5-2-2。东部、中部和西部地区非耕地灌溉净用水量分别为 68.03 亿 m³、21.45 亿 m³ 和 108.92 亿 m³，分别占全国的 34.3%、10.8% 和 54.9%。各省级行政区非耕地灌溉净用水量详见附表 A19。

（三）非耕地灌溉输水损失量

2011 年全国非耕地灌溉输水损失为 67.22 亿 m³。从水资源一级区看，西北诸河区的非耕地灌溉输水损失量最大，为 30.54 亿 m³，占全国非耕地灌溉输水损失总量的 45.4%；辽河区的最小，为 0.55 亿 m³，占全国的 0.8%。

从省级行政区看，新疆的非耕地灌溉输水损失最大，为 25.79 亿 m³，占全国非耕地灌溉输水损失总量的 38.4%。

（四）非耕地灌溉毛用水量

2011 年全国非耕地灌溉毛用水量为 265.62 亿 m³，占全国经济社会总用水量的 4.3%。北方 6 区和南方 4 区的非耕地灌溉毛用水量分别为 173.06 亿 m³ 和 92.56 亿 m³，分别占全国的 65.2% 和 34.8%。其中，西北诸河区的非耕地灌溉毛用水量最大，达 109.59 亿 m³；松花江区和辽河区的非耕地灌溉毛用水量较小，为 5.75 亿 m³ 和 5.54 亿 m³。各水资源一级区非耕地灌溉毛用水量详见表 5 - 2 - 2。

表 5 - 2 - 2　　　　　　　各水资源一级区非耕地灌溉用水量

水资源一级区	非 耕 地 灌 溉			
	实际灌溉面积 /万亩	净用水量 /亿 m³	毛用水量 /亿 m³	亩均毛用水量 /m³
全国	7805	198.40	265.62	340
北方 6 区	4582	132.21	173.06	378
南方 4 区	3223	66.19	92.56	287
松花江区	168	4.78	5.75	343
辽河区	298	4.99	5.54	186
海河区	473	8.95	9.87	209
黄河区	576	13.87	18.19	316
淮河区	987	20.56	24.12	244
长江区	1727	30.37	40.28	233
其中：太湖流域	208	5.09	6.10	293
东南诸河区	371	4.05	6.21	168
珠江区	843	27.07	38.15	452
西南诸河区	282	4.70	7.92	281
西北诸河区	2080	79.05	109.59	527

从省级行政区看，东部、中部和西部地区非耕地灌溉毛用水量分别为 85.51 亿 m³、29.02 亿 m³ 和 151.09 亿 m³，分别占全国的 32.2%、10.9% 和 56.9%。新疆非耕地灌溉毛用水量最大，为 94.77 亿 m³。山西、上海和贵州 3 个省（直辖市）的较小，分别为 1.00 亿 m³、0.80 亿 m³ 和 0.08 亿 m³，各省级行政区非耕地灌溉毛用水量详见附表 A19。

五、农业灌溉全口径毛用水量

2011 年包括输水损失的全国农业灌溉（包括耕地灌溉和非耕地灌溉）毛用水量为 4057.81 亿 m³，占经济社会全口径总用水量的 65.3%。其中，北方 6 区和南方 4 区的农业灌溉毛用水量分别为 2151.39 亿 m³ 和 1906.42 亿 m³，分别占全国农业灌溉毛用水量的 53.0% 和 47.0%。农业灌溉毛用水量最大的为长江区，达 1103.79 亿 m³；其次是西北诸河区和珠江区，分别为 660.43 亿 m³ 和 551.16 亿 m³；最小的是西南诸河区，仅为 85.70 亿 m³。

从省级行政区看，东部、中部和西部地区农业灌溉毛用水量分别为
1207.79 亿 m³、1339.09 亿 m³ 和 1510.93 亿 m³，分别占全国农业灌溉毛用水
量的 29.8%、33.0% 和 37.2%。新疆、江苏、黑龙江、广东、江西、广西和
湖南等省（自治区）的农业灌溉毛用水量较大，均在 200 亿 m³ 以上。北京、
天津、上海、青海、重庆和西藏等省（自治区、直辖市）的农业灌溉毛用水量
较小，均在 30 亿 m³ 以下。

六、畜禽养殖用水量

（一）畜禽养殖数量

2011 年全国饲养的大牲畜、小牲畜和家禽分别为 1.43 亿头、9.91 亿头和
77.21 亿只。从水资源一级区看，长江区的大牲畜、小牲畜和家禽数量最大，
分别为 0.38 亿头、3.43 亿头和 25.07 亿只；东南诸河区的大牲畜和小牲畜数
量最少，分别为 88 万头和 0.28 亿头；西南诸河区的家禽数量最少，仅为
0.65 亿只。各水资源一级区畜禽数量详见表 5-2-3。

从省级行政区看，2011 年大牲畜饲养数量最多的为四川、云南和内蒙古 3
个省（自治区），分别为 0.14 亿头、0.11 亿头和 0.10 亿头，上海市最少，仅
为 7 万头；小牲畜饲养数量最多的为四川、山东、河南和湖南 4 个省，分别为
1.18 亿头、0.64 亿头、0.64 亿头和 0.63 亿头，上海、北京和天津 3 个直辖
市最少，分别仅为 205 万头、237 万头和 270 万头；家禽饲养数量最多的为四
川、山东和江苏 3 个省，分别为 7.36 亿只、7.03 亿只和 6.82 亿只，西藏自
治区最少，仅为 202 万只。各省级行政区畜禽数量详见附表 A20。

（二）畜禽养殖净用水量

全国畜禽养殖净用水量为 110.41 亿 m³，其中大牲畜养殖净用水量 24.18
亿 m³，小牲畜养殖净用水量 67.50 亿 m³，家禽养殖净用水量 18.73 亿 m³。
北方 6 区和南方 4 区的畜禽养殖净用水分别为 52.79 亿 m³ 和 57.62 亿 m³。长
江区的大牲畜、小牲畜和家禽养殖净用水量最大，分别为 5.79 亿 m³、25.56
亿 m³ 和 7.63 亿 m³，畜禽养殖总用水量为 38.98 亿 m³。东南诸河区的大牲畜
养殖净用水量最小，仅为 0.14 亿 m³；西南诸河区的小牲畜和家禽养殖净用水
量最小，分别为 1.90 亿 m³ 和 0.23 亿 m³。各水资源一级区畜禽养殖全口径净
用水量详见表 5-2-3。

从省级行政区看，东部、中部和西部地区畜禽养殖净用水量分别为 27.30
亿 m³、37.90 亿 m³ 和 45.21 亿 m³，分别占全国畜禽养殖净用水量的 24.7%、
34.3% 和 41.0%。大牲畜养殖净用水量最大为内蒙古，为 2.07 亿 m³；小牲
畜和家禽养殖净用水量最大的都为四川，分别为 7.98 亿 m³ 和 2.23 亿 m³。上

海的大牲畜和小牲畜养殖净用水量最小，分别为 0.03 亿 m³ 和 0.12 亿 m³。各省级行政区畜禽养殖全口径净用水量详见附表 A20。

表 5－2－3　　　　各水资源一级区畜禽养殖全口径净用水量

水资源一级区	畜禽数量/[万头（只）]			畜禽养殖净用水量/亿 m³			
	大牲畜	小牲畜	家禽	大牲畜	小牲畜	家禽	合计
全国	14257	99124	772062	24.18	67.50	18.73	110.41
北方 6 区	8032	50838	399302	14.39	30.14	8.26	52.79
南方 4 区	6225	48286	372760	9.79	37.36	10.47	57.62
松花江区	1694	7112	45618	3.20	4.38	1.14	8.71
辽河区	1351	5572	75868	2.84	3.99	1.33	8.15
海河区	1127	7411	75800	1.98	4.24	1.52	7.74
黄河区	1542	9213	29640	2.58	5.21	0.72	8.51
淮河区	944	13409	158848	1.60	8.73	3.31	13.65
长江区	3769	34297	250691	5.79	25.56	7.63	38.98
其中：太湖流域	9	910	11115	0.03	0.39	0.25	0.67
东南诸河区	88	2830	22130	0.14	2.21	0.48	2.83
珠江区	1274	8343	93429	2.29	7.69	2.13	12.11
西南诸河区	1094	2817	6510	1.57	1.90	0.23	3.70
西北诸河区	1373	8121	13528	2.17	3.59	0.27	6.03

（三）畜禽养殖毛用水量

本次水利普查不考虑畜禽养殖的输水损失，畜禽养殖的全口径毛用水量等于净用水量，为 110.41 亿 m³。

七、全口径农业用水量

2011 年全国农业实际灌溉面积为 8.92 亿亩，其中耕地和非耕地实际灌溉面积分别占 91.2% 和 8.8%。农业全口径净用水量为 2984.69 亿 m³，其中耕地灌溉、非耕地灌溉和畜禽养殖净用水量分别占 89.7%、6.6% 和 3.7%。农业灌溉输水损失 1194.28 亿 m³，其中耕地和非耕地灌溉输水损失分别为 94.3% 和 5.7%。全国农业毛用水量为 4168.22 亿 m³，占经济社会全口径总用水量的 67.1%，其中耕地灌溉、非耕地灌溉和畜禽养殖毛用水量分别为 3792.19 亿 m³、265.62 亿 m³ 和 110.41 亿 m³。

北方 6 区和南方 4 区的农业毛用水量分别为 2204.13 亿 m³ 和 1964.09 亿 m³，分别占全国农业毛用水量的 52.9% 和 47.1%。农业毛用水量最大的为长江区，达 1142.82 亿 m³，占全国的 27.4%；较大的为西北诸河区和珠江区，分别为 666.47 亿 m³ 和 563.28 亿 m³，分别占全国的 16.0% 和 13.5%；最小的为西南诸河区，为 89.40 亿 m³，占全国的 2.1%。各水资源一级区农业毛用水量详见表 5-2-4 和图 5-2-5。

表 5-2-4　　　　　　　　各水资源一级区农业毛用水量

水资源一级区	农业毛用水量/亿 m³				占经济社会全口径用水比例/%			
	耕地灌溉	非耕地灌溉	畜禽养殖	小计	耕地灌溉	非耕地灌溉	畜禽养殖	小计
全国	3792.19	265.62	110.41	4168.22	61.0	4.3	1.8	67.1
北方 6 区	1978.33	173.06	52.74	2204.13	69.7	6.1	1.9	77.7
南方 4 区	1813.86	92.56	57.67	1964.09	53.8	2.7	1.7	58.2
松花江区	366.18	5.75	8.70	380.62	76.6	1.2	1.8	79.6
辽河区	128.62	5.54	8.14	142.30	63.2	2.7	4.0	69.9
海河区	222.80	9.87	7.71	240.38	60.2	2.7	2.1	65.0
黄河区	283.26	18.19	8.52	309.98	68.0	4.4	2.0	74.4
淮河区	426.62	24.12	13.63	464.37	64.7	3.7	2.1	70.4
长江区	1063.51	40.28	39.03	1142.82	51.4	1.9	1.9	55.3
其中：太湖流域	77.44	6.10	0.67	84.21	24.4	1.9	0.2	26.5
东南诸河区	159.54	6.21	2.83	168.57	47.7	1.9	0.8	50.4
珠江区	513.02	38.15	12.12	563.28	58.9	4.4	1.4	64.6
西南诸河区	77.78	7.92	3.70	89.40	75.4	7.7	3.6	86.6
西北诸河区	550.84	109.59	6.04	666.47	77.8	15.5	0.9	94.1

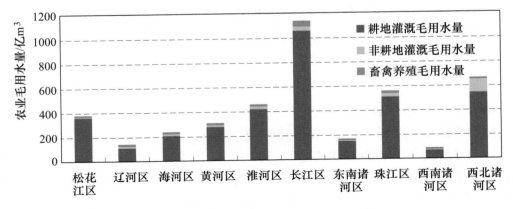

图 5-2-5　各水资源一级区农业用水量

从农业用水占区域总用水量比例看，农业用水占总用水量比例较少的为东南诸河区和长江区，分别占50.4%和55.3%；西北诸河区和西南诸河区的农业用水比例最大，分别占94.1%和86.6%。东南诸河区和长江区的经济发展水平较高，农业在该区域经济中的比例较小，因而农业用水占经济社会全口径总用水量的比例较小。西南诸河区和西北诸河区的经济相对落后，农业在该区域经济中的比例很大，因而农业用水占总用水量的比例较大。

从省级行政区看，东部、中部和西部地区的农业毛用水量分别为1235.08亿m³、1376.98亿m³和1556.16亿m³，分别占全国农业毛用水量的29.6%、33.1%和37.3%。新疆、江苏、黑龙江和广东等省（自治区）的农业毛用水量较大，均在270亿m³以上；北京、天津、上海3个直辖市的农业毛用水量较小，均在20亿m³以下。各省级行政区农业毛用水量详见图5-2-6。

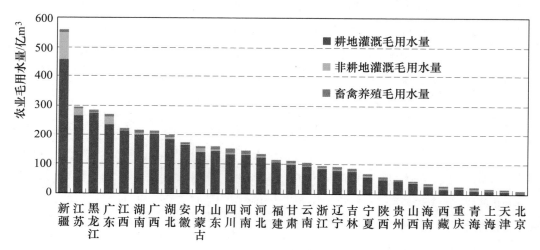

图5-2-6　各省级行政区农业毛用水量

第三节　农业用水情况分析

一、2011年降水量

我国大部分地区农业灌溉用水量大小与当年降水量密切相关。2011年，全国平均年降水量582.3mm，折合降水总量为55132.9亿m³，比常年值偏少9.4%，是1956年以来年降水量最少的一年。其中，北方6区2011年平均降水量为322.3mm，比常年值偏少1.8%；南方4区平均降水量为1043.5mm，比常年值偏少13.1%。10个水资源一级区中，除黄河区、西北诸河区降水量比常年值偏多外，其他水资源一级区均不同程度比常年值偏少，其中珠江区和东南诸河区分别比常年值偏少 17.1％和 16.0％。

　　从行政分区看，东部地区平均降水量为 1007.3mm，比常年值偏少 8.9％；中部地区平均降水量为 773.1mm，比常年值偏少 15.6％；西部地区平均降水量为 467.7mm，比常年值偏少 6.8％。在 31 个省级行政区中，降水量比常年值偏多的有 9 个省（自治区、直辖市），其中海南和陕西两省偏多约 30％；降水量比常年值偏少的有 22 个省（自治区、直辖市），其中贵州、湖南、云南和江西等 4 省偏少 20％～30％。

二、耕地灌溉亩均毛用水量

（一）行政分区耕地灌溉亩均用水量

　　2011 年全国耕地灌溉亩均毛用水量为 466m³，东部、中部和西部地区的耕地灌溉亩均用水量分别为 436m³、414m³ 和 567m³。各省级行政区中，耕地灌溉亩均毛用水量较大的有广西、海南、广东和宁夏等省（自治区），分别为 1033m³、987m³、971m³ 和 873m³；耕地灌溉亩均毛用水量较小的有河南、山东、河北和山西等省，分别为 199m³、214m³、220m³ 和 240m³。

　　从全国不同降水带看，新疆多年平均降水量仅为 155mm，农业种植几乎完全依赖灌溉，而且不少地区的取用水距离较长，损失较大，所以耕地亩均毛用水量达 677m³。内蒙古、宁夏、青海和甘肃 4 个省（自治区）多年平均降水量处于 200～400mm，耕地亩均毛用水量宁夏最大，达 873m³，内蒙古最小，为 354 m³。山西、河北、黑龙江、西藏、天津、北京、吉林、陕西、辽宁、山东和河南 11 个省（自治区、直辖市）多年平均降水量处于 400～800mm，其中华北地区的耕地亩均毛用水量较小，西藏自治区的较大。四川、江苏、上海、安徽、贵州、湖北、重庆、云南、湖南、广西、浙江、江西、福建、海南和广东 15 个省（自治区、直辖市）多年平均降水量在 800mm 以上，其中广西、浙江、江西、福建、海南和广东 6 个省（自治区）更达 1500mm 以上，广西、江西、福建、海南和广东等的耕地亩均毛用水量较大，在 750m³ 以上，重庆的耕地亩均毛用水量很小，与该地区的用水习惯有关。各省级行政区耕地灌溉亩均毛用水量和多年平均降水量详见图 5-3-1。

　　从全国各地级行政区耕地灌溉亩均用水量看，耕地灌溉亩均毛用水量较大的为广西北海市和防城港市，四川攀枝花市，广东珠海市和潮州市，其耕地灌溉亩均毛用水量均高于 1200m³。其次为内蒙古乌海市，广东广州市、韶关市、茂名市、阳江市和云浮市，广西桂林市、梧州市、钦州市、贵港市、百色市、贺州市、河池市、来宾市和崇左市，海南省直辖县级行政单位，宁夏银川市，新疆喀什地区与和田地区，其耕地灌溉亩均毛用水量间于 1000～1200m³。耕

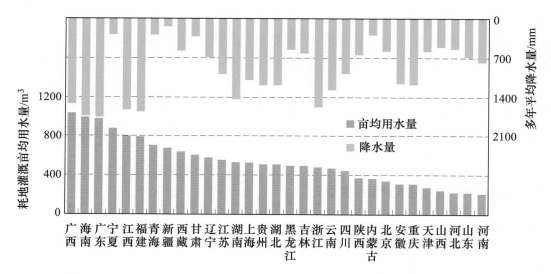

图5-3-1 各省级行政区耕地灌溉亩均毛用水量与多年平均降水量

地灌溉亩均毛用水量较小的为河北邯郸市、邢台市、沧州市和廊坊市，天津各区县，山西大同市和朔州市，内蒙古乌兰察布市和锡林郭勒盟，辽宁朝阳市，黑龙江大兴安岭地区，安徽淮北市、宿州市和亳州市，山东青岛市、枣庄市、烟台市、潍坊市和威海市，河南郑州市、平顶山市、鹤壁市、许昌市、漯河市、三门峡市、商丘市、周口市和驻马店市，四川自贡市和内江市，陕西的铜川市，甘肃庆阳市，青海玉树藏族自治州，宁夏固原市，其耕地灌溉亩均毛用水量低于200m³。

（二）水资源分区耕地灌溉亩均用水量

2011年全国耕地灌溉亩均毛用水量为466m³。从水资源一级区看，北方6区和南方4区的耕地灌溉亩均毛用水量分别为385m³和605m³。耕地灌溉亩均毛用水量最大的一级区为珠江区，达918m³，最小的为海河区，为226m³。珠江区的双季水稻占比较大，因而亩均用水量较高，而海河区缺水严重，节水灌溉发展较快，农田灌溉用水有效利用系数较高，主要种植小麦、玉米等作物，加之地下水灌溉成本较高等原因，亩均用水量较低。西北诸河区、东南诸河区、西南诸河区和长江区的耕地亩均用水量也比较高，主要是西北诸河区干旱少雨，农业主要靠人工灌溉，因而耕地亩均用水相对较大，而长江区、东南诸河区和西南诸河区水稻种植比例较大。各水资源一级区耕地灌溉亩均毛用水量详见图5-3-2。

从全国水资源二级区耕地灌溉亩均用水量分布看（详见附图C5），耕地灌溉亩均毛用水量较大的为珠江区的大部分二级区、图们江、柴达木盆地和昆仑山北麓小河等水资源二级区，其亩均毛用水量超过900m³。耕地灌溉亩均毛用

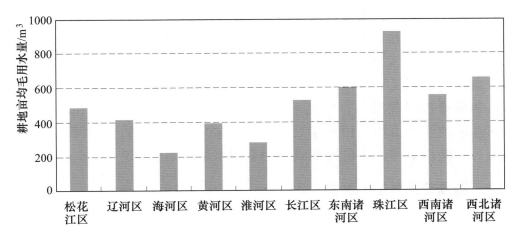

图 5-3-2 各水资源一级区耕地灌溉亩均毛用水量

水量较小的为额尔古纳河、西辽河、海河的全部二级区、黄河的中下游二级区、淮河上游、淮河中游、山东半岛沿海诸河、内蒙古高原内陆河等水资源二级区，其亩均毛用水量小于 300m³，其中内蒙古高原内陆河、山东半岛沿海诸河和额尔古纳河水浇地占比高于 80%，淮河上游（王家坝以上）水浇地占比也高于 50%，同时内蒙古高原内陆河、山东半岛沿海诸河和额尔古纳河 3 个水资源二级区地下水取水占比较高，因此亩均用水量较小。

三、非耕地灌溉亩均用水量

（一）行政分区非耕地灌溉亩均用水量

2011 年全国非耕地灌溉亩均毛用水量为 340m³。东部、中部和西部地区的非耕地灌溉亩均毛用水量分别为 295m³、212m³ 和 427m³。从各省级行政区非耕地灌溉亩均用水量看，非耕地灌溉亩均毛用水量较大的为青海、新疆和广东 3 个省（自治区），其亩均毛用水量分别为 638m³、535m³ 和 505m³；非耕地灌溉亩均毛用水量较小的为福建和贵州，其亩均毛用水量分别为 104m³ 和 64m³。

从全国各地市级行政区非耕地灌溉亩均用水量分布看，非耕地灌溉亩均毛用水量较大的为广东中山市，青海海西蒙古族藏族自治州，其耕地灌溉亩均毛用水量高于 1100m³。非耕地灌溉亩均毛用水量较小的为黑龙江双鸭山市，广西防城港市和黔东南苗族侗族自治州，其非耕地灌溉亩均毛用水量低于 30m³。

（二）水资源分区非耕地灌溉亩均用水量

2011 年全国非耕地灌溉亩均毛用水量为 340m³。从水资源一级区看，非耕地灌溉亩均毛用水量最大的一级区为西北诸河区，为 527m³；最小的为东南诸河区，为 168m³。从水资源二级区看，非耕地灌溉亩均毛用水量较大的为柴达木盆地、昆仑山北麓小河、吐哈盆地小河、珠江三角洲和阿尔泰山南麓诸河，达 600 m³ 以上，其中柴达木盆地更达 1167m³。其次为嫩江、河西走廊内陆河、北江、兰州至河口镇、图们江、海南岛及南海各岛诸河、韩江及粤东诸河、古尔班通古特荒漠区、塔里木盆地荒漠区、塔里木河干流和塔里木河源流，其非耕地灌溉亩均毛用水量处于 400～600m³。最小的为淮河上游（王家坝以上）和闽南诸河，非耕地灌溉亩均毛用水量仅为 93 m³ 和 86 m³。

四、畜禽养殖单位用水量

2011 年全国大牲畜单位用水量为 46L/（头·d），小牲畜为 19L/（头·d），家禽为 0.66L/（只·d）。从水资源一级区看，辽河区和松花江区的大牲畜单位用水量较大，高于 50L/（头·d），西南诸河区的较小，低于 40L/（头·d）；珠江区、东南诸河区和长江区的小牲畜单位用水量较大，高于 20L/（头·d），西北诸河区的较小，低于 13L/（头·d）；西南诸河区和长江区的家禽单位用水量较大，高于 0.8L/（只·d），辽河区的较小，低于 0.5L/（只·d）。各水资源一级区畜禽养殖单位用水量详见图 5-3-3 和图 5-3-4。

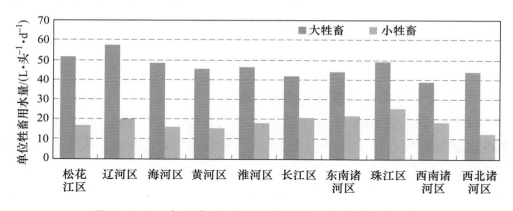

图 5-3-3　各水资源一级区大牲畜和小牲畜单位用水量

从省级行政区看，大牲畜单位用水量最大的为上海，主要饲养奶牛，最小的为海南，与全国平均水平相当的为湖北和山东；小牲畜单位用水较大的为广东和重庆，较小的为宁夏和青海等以养羊为主的地区，与全国平均水平相当的为北京和四川等省（直辖市）；家禽单位用水较大的为湖南、重庆和河南，较小的为天津。各省级行政区畜禽单位用水量详见图 5-3-5 和图 5-3-6。

五、灌区干支渠系水利用系数

根据灌区农业用水量调查成果分析，2011 年全国灌区干支渠系水利用系数

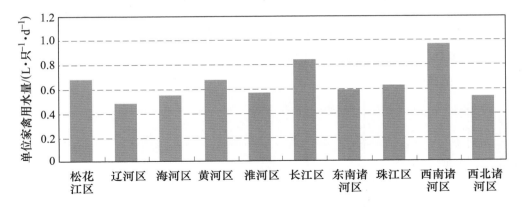

图 5-3-4　各水资源一级区家禽单位用水量

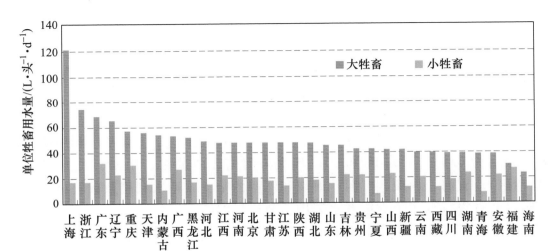

图 5-3-5　各省级行政区大牲畜和小牲畜单位用水量

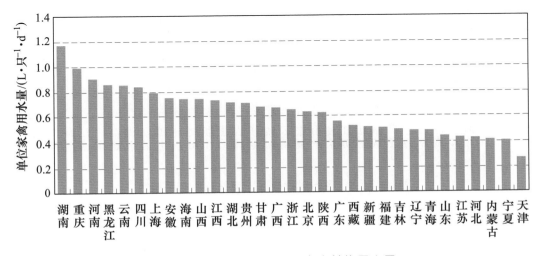

图 5-3-6　各省级行政区家禽单位用水量

为 0.71。从水资源一级区看，北方 6 区和南方 4 区的干支渠系水利用系数分别为 0.77 和 0.64。干支渠系水利用系数较大的一级区为海河区和辽河区，分别为 0.88 和 0.82；较小的为珠江区，仅为 0.60。各水资源一级区干支渠系水利用系数详见图 5-3-7。

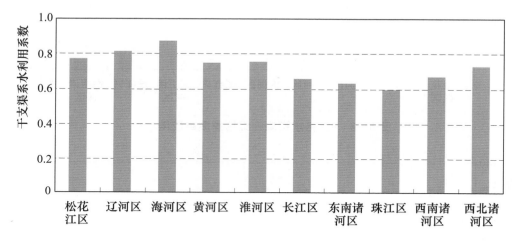

图 5-3-7 各水资源一级区干支渠系水利用系数

从省级行政区看，华北地区的北京、河北和天津的干支渠系水利用系数较大，分别为 0.94、0.94 和 0.90；其次为河南、内蒙古、山西、黑龙江等省（自治区）；青海、西藏、广西、海南和江西的干支渠系水利用系数较小，低于 0.60。各省级行政区干支渠系水利用系数详见图 5-3-8。

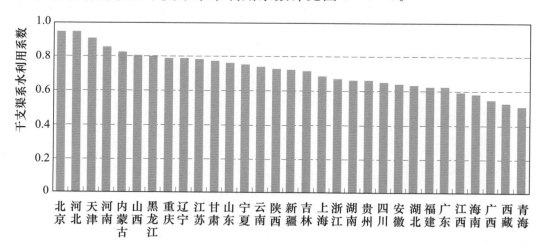

图 5-3-8 各省级行政区干支渠系水利用系数

第六章 生 态 环 境 用 水

河道外生态环境用水包括城镇环境用水和河湖生态补水，不包括河道内生态环境用水，是经济社会用水不可缺少的组成部分。本章主要介绍生态环境用水调查方法以及生态环境用水量调查分析成果。

第一节 调 查 方 法

一、城镇环境用水

城镇环境用水中的绿地灌溉用水调查指标为城镇灌溉绿地面积和绿地灌溉用水量。城镇灌溉绿地面积指城市建成区及镇区范围内、2011 年实际灌溉的绿地面积，其数据来源于园林部门或城建部门。绿地灌溉用水量指城市建成区及镇区范围内、2011 年公共绿地实际灌溉所用水量，包括从所有水源类型（如中水、自来水及直接取自地表或地下水源等）取用的水量。对于绿地灌溉用水量有计量的县级行政区，直接采用园林部门或城建部门的计量数据。对于绿地灌溉用水量无计量的县级行政区，则通过绿地灌溉实际调查统计或典型调查获取单位绿地面积灌溉用水量，确定单位绿地面积灌溉用水指标，并按下式估算该县级行政区的绿地灌溉用水量：

$$W_{绿地} = A_{绿地} \times q_{绿地}$$

式中　$W_{绿地}$——绿地灌溉用水量，万 m³；

　　　$A_{绿地}$——绿地灌溉面积，万 m²；

　　　$q_{绿地}$——单位绿地面积灌溉用水指标，m³/m²。

城镇环境用水中的环境卫生用水调查指标为城镇环境卫生清洁面积和城镇环境卫生清洁用水量。城镇环境卫生清洁面积指城市建成区及镇区范围内、2011 年进行洒水和清扫的道路、公园等公共场所面积，其数据来源于环卫部门或城建部门。城镇环境卫生清洁用水量指 2011 年用于城镇环境卫生清洁的洒水、冲洗等水量，包括从所有水源类型（如中水、自来水及直接取自地表或地下水源等）取用的水量。对于环境卫生用水量有计量的县级行政区，直接采用环卫部门或城建部门的计量数据。对于环境卫生用水量无计量的县级行政区，则通过环境卫生用水实际调查统计或典型调查获取单位环境卫生清洁面积用水量，确定单位环境卫生清洁面积的用水指标，按下式估算该县级行政区的环境卫生用水量：

$$W_{环卫} = A_{环卫} \times q_{环卫}$$

式中　　$W_{环卫}$——城镇环境卫生清洁用水量，万 m^3；

　　　　$A_{环卫}$——城镇环境卫生清洁面积，万 m^2；

　　　　$q_{环卫}$——单位环境卫生清洁面积用水指标，m^3/m^2。

二、河湖生态补水量

河湖生态补水量指以生态保护、修复和建设为目标，通过水利工程补给河流、湖泊、沼泽及湿地等的水量。对于引水进入河湖后不停留、连续流出的常流水型河湖补水量，未作为生态环境用水量统计。本次普查河湖生态补水调查分别按补水类型河湖和换水类型河湖调查其补水量。补水类型河湖指引水入河湖后，水量主要在该河湖内蒸发、渗漏损耗的湖泊、湿地、沼泽等进行人工补水的河湖；换水类型河湖指引水入河湖后，其水量在该河湖停留期间仅部分消耗，需进行定期换水的河湖；补水类型河湖的补水量根据其实际入河湖水量确定。换水类型河湖的补水量只统计蒸发、渗漏等消耗性水量，原则上其补水量等于引入河湖的水量减去流出河湖的水量，有条件的地区再根据当地降雨、蒸发、渗漏等情况适当调整。

第二节　用　水　量

一、城镇环境用水量

全国城镇环境用水量 35.86 亿 m^3，占全国经济社会总用水量的 0.6%。其中，绿地灌溉用水量 26.25 亿 m^3，城镇环卫清洁用水量 9.61 亿 m^3。北方 6 区城镇环境用水量 16.22 亿 m^3，南方 4 区城镇环境用水量 19.64 亿 m^3。各水资源一级区城镇环境用水量中，长江区最高，为 12.26 亿 m^3，海河区、淮河区和珠江区次之，西南诸河区最小为 0.20 亿 m^3。各水资源一级区城镇环境用水量详见表 6-2-1。

按照东、中、西部地区统计，城镇环境用水量分别为 18.00 亿 m^3、8.91 亿 m^3、8.95 亿 m^3。各省级行政区中，江苏、广东和浙江等 3 省城镇环境用水量较多，分别为 4.09 亿 m^3、3.15 亿 m^3 和 3.11 亿 m^3，西藏、青海和贵州 3 省（自治区）城镇环境用水量较少。各省级行政区城镇环境用水量详见图

6-2-1和附表A21。

表6-2-1　　　　　　　　各水资源一级区生态环境用水量

水资源一级区	城镇环境用水量 /亿 m³	河湖生态补水量 /亿 m³	生态环境用水量合计 /亿 m³
全国	35.86	70.55	106.41
北方6区	16.22	53.84	70.05
南方4区	19.64	16.71	36.36
松花江区	0.74	19.78	20.52
辽河区	0.98	4.36	5.34
海河区	4.77	8.85	13.62
黄河区	2.82	6.67	9.49
淮河区	4.27	7.26	11.53
长江区	12.26	6.90	19.16
其中：太湖流域	3.41	1.25	4.65
东南诸河区	2.96	6.38	9.35
珠江区	4.23	3.41	7.64
西南诸河区	0.20	0.02	0.22
西北诸河区	2.64	6.92	9.55

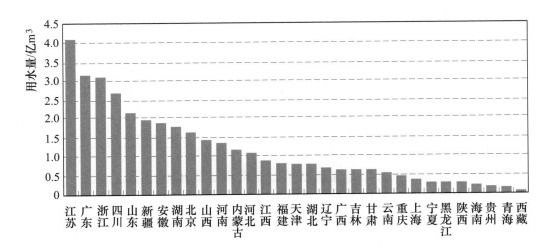

图6-2-1　各省级行政区城镇环境用水量

2011年，全国平均单位绿地面积灌溉用水指标为0.35m³/m²，各省级行政区大多在0.2～0.5m³/m²。甘肃、西藏和新疆单位绿地面积灌溉用水指标较高，大于0.5m³/m²；上海市和黑龙江省单位绿地面积灌溉用水指标较低，

小于 $0.2m^3/m^2$。全国平均单位环境卫生清洁面积用水指标为 $0.15m^3/m^2$，各省级行政区大多在 $0.05\sim0.30m^3/m^2$，西藏、湖南、浙江和山西 4 省（自治区）单位环境卫生清洁面积用水指标较高，大于 $0.30\ m^3/m^2$；宁夏、内蒙古、上海和河北 4 省（自治区、直辖市）单位环境卫生清洁面积用水指标较低，小于 $0.05\ m^3/m^2$。各省级行政区单位绿地面积灌溉用水指标和单位环境卫生清洁面积用水指标详见附表 A21。

二、河湖生态补水量

全国包括输水损失在内的河湖生态补水量为 70.55 亿 m^3，占经济社会总用水量的 1.1%。北方 6 区河湖生态补水量 53.84 亿 m^3，南方 4 区河湖生态补水量 16.71 亿 m^3。各水资源一级区河湖生态补水量中，松花江区最高（19.78亿 m^3），其次为海河区（8.85 亿 m^3），西南诸河区补水量最小（0.02 m^3）。2011 年各水资源一级区河湖生态补水量详见表 6-2-1。

按照东、中、西部地区统计，河湖生态补水量分别为 30.64 亿 m^3、22.00亿 m^3、17.91 亿 m^3。各省级行政区中，内蒙古、吉林和黑龙江 3 省（自治区）补水量较大，分别为 8.62 亿 m^3、6.90 亿 m^3 和 6.76 亿 m^3。青海、贵州、湖南补水量较小。西藏自治区没有进行河湖生态补水。各省级行政区河湖生态补水量详见图 6-2-2 和附表 A21。

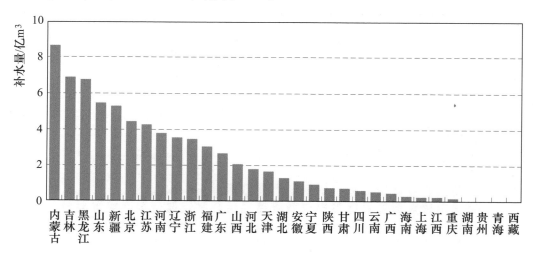

图 6-2-2　各省级行政区河湖生态补水量

三、生态环境用水量

全国包括城镇环境用水和河湖生态补水的河道外生态环境毛用水量为106.41 亿 m^3，占全国经济社会总用水量的 1.7%。其中，城镇环境用水量

35.86 亿 m^3，占生态环境用水量的 33.7%，河湖生态补水量 70.55 亿 m^3，占生态环境用水量的 66.3%。

按水资源一级分区统计，北方 6 区生态环境毛用水量 70.05 亿 m^3，南方 4 区生态环境毛用水量 36.36 亿 m^3。各水资源一级区生态环境毛用水量中，松花江区最高（20.52 亿 m^3），其次为长江区（19.16 亿 m^3），西南诸河区最小（0.22 亿 m^3）。2011 年各水资源一级区生态环境用水量详见表 6-2-1。

按照东、中、西部地区统计，生态环境毛用水量分别为 48.64 亿 m^3、30.91 亿 m^3、26.86 亿 m^3。各省级行政区中，内蒙古自治区用水量最高，为 9.78 亿 m^3；江苏省第二，用水量 8.33 亿 m^3；山东省第三，用水量 7.56 亿 m^3。西藏、青海和贵州 3 个省用水量较小。2011 年各省级行政区生态环境用水量详见附表 A21。

第七章　总用水量及供水量

总用水量为居民、工业、建筑业及第三产业、农业、生态环境等分行业毛用水量之和。本章主要介绍总用水量及其构成、综合用水指标，以及供水量及其构成等主要调查分析成果。

第一节　总用水量及结构

分区用水量是指全部河道外用水户从各种水源取用的包括输水损失在内的水量，按生活用水、工业用水、农业用水、生态环境用水汇总。生活用水量包括城镇居民、农村居民、建筑业以及第三产业取用的水量，工业用水量包括工业企业取用的新水量（不包括企业内部重复利用的水量），农业用水量包括耕地灌溉、非耕地灌溉、畜禽养殖等取用的水量，生态环境用水量包括城镇绿地灌溉、环境卫生以及河道外湖泊湿地的人工补水等所取用的水量。

一、总用水量

2011 年全国总用水量为 6213.29 亿 m³。其中，生活用水 735.67 亿 m³，工业用水 1202.99 亿 m³，农业用水 4168.22 亿 m³，生态环境用水 106.41 亿 m³。北方 6 区总用水量为 2836.13 亿 m³，占全国总用水量的 45.6%，南方 4 区总用水量 3377.16 亿 m³，占全国总用水量的 54.4%。各水资源一级区中，长江区（包括太湖流域）用水量最大，为 2067.92 亿 m³，占全国的 33.3%；珠江区次之；西南诸河区用水量最小，仅 103.22 亿 m³，不足全国的 2%。各水资源一级区用水量详见表 7-1-1，占全国比例详见图 7-1-1。

表 7-1-1　　　　　　　　各水资源一级区用水量

水资源一级区	用水量/亿 m³				
	生活	工业	农业	生态环境	总用水量
全国	735.67	1202.99	4168.22	106.41	6213.29
北方 6 区	236.86	325.09	2204.13	70.05	2836.13
南方 4 区	498.81	877.90	1964.09	36.36	3377.16

续表

水资源一级区	用水量/亿 m³				
	生活	工业	农业	生态环境	总用水量
松花江区	24.69	52.05	380.62	20.52	477.89
辽河区	23.69	32.30	142.30	5.34	203.64
海河区	57.41	58.43	240.38	13.62	369.84
黄河区	42.06	55.18	309.98	9.49	416.71
淮河区	76.90	107.04	464.37	11.53	659.84
长江区	292.33	613.59	1142.83	19.16	2067.92
其中：太湖流域	49.24	179.83	84.21	4.65	317.93
东南诸河区	58.37	98.34	168.57	9.35	334.63
珠江区	139.20	161.28	563.28	7.64	871.40
西南诸河区	8.91	4.69	89.40	0.22	103.22
西北诸河区	12.11	20.08	666.47	9.55	708.21

按照东、中、西部地区统计，用水量分别为 2218.82 亿 m³、2045.37 亿 m³、1949.10 亿 m³，相应占全国总用水量的 35.7%、32.9%、31.4%。各省级行政区中，用水量最大的是新疆维吾尔自治区❶，2011 年用水量为 583.77 亿 m³，占全国总用水量的 9.4%；用水量最小的是天津市，用水量为 26.19 亿 m³，占全国总用水量的 0.4%。全国 31 个省级行政区中，用水量超过 400 亿 m³ 的有新疆、江

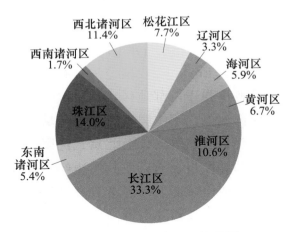

图 7-1-1 各水资源一级区用
水量占全国比例

苏和广东 3 个省（自治区），共占全国总用水量的 26.0%；用水量在 200 亿～400 亿 m³ 的有 10 个省（自治区），共占全国总用水量的 45.1%；用水量在 50 亿～200 亿 m³ 的有 13 个省（自治区、直辖市），共占全国总用水量的 26.2%；

---

❶ 新疆维吾尔自治区供、用水量不含从河流取水口长距离输水至平原水库的输水损失及平原水库的蒸发渗漏损失。

用水量少于 50 亿 m³ 的有天津、西藏、青海、北京和海南等 5 个省（自治区、直辖市），共占全国总用水量的 2.7%。各省级行政区用水量详见图 7-1-2、附表 A22。

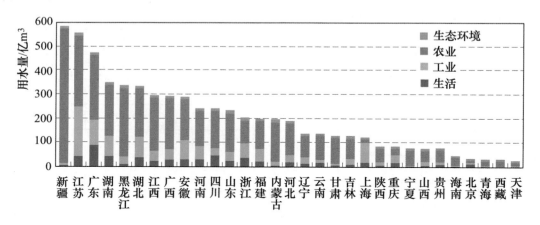

图 7-1-2　各省级行政区用水量

区域用水量大小主要受其经济社会规模、产业结构、水资源条件、节水水平、用水效率等因素的共同影响，可以通过单位面积用水量（简称用水强度）的大小来反映区域间的差异。2011 年全国平均用水强度为 6.56 万 m³/km²，东、中、西部地区用水强度分别为 20.81 万 m³/km²、12.26 万 m³/km²、2.89 万 m³/km²。与我国经济分布规律基本一致，由于东部和中部地区经济社会活动普遍强于西部地区，其用水强度也是东部地区高于中部地区，中部地区高于西部地区。用水强度较高的区域主要分布在长江三角洲地区、广东沿海地区、福建沿海地区，以及北京、沈阳、石家庄、郑州、合肥、武汉、长沙、南昌、成都、银川等城市及其周边经济较为发达的区域。用水强度较低的区域主要分布在西南及西北等经济欠发达的西藏、青海、四川西北部、内蒙古西部及东北部、黑龙江西北部等地区。

从 2011 年水资源二级区用水强度看，用水强度较高的区域为长江湖口以下干流、太湖水系、珠江三角洲、浑太河、淮河下游、沂沭泗河、长江宜昌至湖口干流、闽南诸河、韩江及粤东诸河、粤西桂南沿海诸河等水资源二级区，这些区域用水强度在 20 万 m³/km² 以上，主要位于河流下游和经济发达地区。用水强度较低的区域为黄河龙羊峡以上、长江金沙江石鼓以上、雅鲁藏布江、藏南诸河、藏西诸河、内蒙古高原、青海湖水系、柴达木盆地、塔里木盆地荒漠区、古尔班通古特荒漠区、羌塘高原内陆河等二级区，这些区域用水强度在 1 万 m³/km² 以下，主要位于经济欠发达地区或无人区。2011 年全国水资源二级区用水强度分布详见附图 C6。

二、用水结构

2011 年全国总用水量中，城乡生活用水占总用水量的 11.8%，工业用水占总用水量的 19.4%，农业用水占总用水量的 67.1%，生态环境用水量占总用水量的 1.7%。全国用水结构详见图 7-1-3。

按水资源一级分区统计，北方 6 区总用水量中，生活用水、工业用水、农业用水、生态环境用水分别占其总用水量的 8.3%、11.5%、77.7%、2.5%；南方 4 区总用水量中，生活用水、工业用水、农业用水、生态环境用水分别占其总用水量的 14.8%、26.0%、58.1%、1.1%。各水资源一级区由于经济结构和用水水平等不同，用水结构差异较大。生活用水占总用水量的比例，西北诸河区、松花江区和西南诸河区较低，分别为 1.7%、5.2% 和 8.6%，其他水资源一级区在 10%~17%。工业用水占总用水量的比例，以长江区和东南诸河区为最

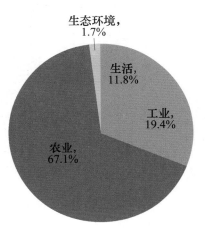

图 7-1-3　全国用水量结构

高，约为 29%；西南诸河区和西北诸河区为最低，分别为 4.5% 和 2.8%；其他水资源一级区一般在 10%~20%。农业用水占总用水量的比例，以西北诸河区和西南诸河区最高，分别为 94.1% 和 86.6%；长江和东南诸河区最低，分别为 55.3% 和 50.4%；其他水资源一级区在 60%~80%。生态环境用水占总用水量的比例，以松花江区和海河区最高，分别为 4.3% 和 3.7%；西南诸河区最低，为 0.2%。各水资源一级区各经济社会用水量结构详见图 7-1-4。

从各水资源二级区看，农业用水所占比例从东南向西北总体上逐渐加大。西北诸河大部分二级区、西南诸河的大部分二级区、松花江区的黑龙江干流、乌苏里江、松花江（三岔河口以下），以及辽河区、长江区和珠江区的少数二级区，农业用水量占总用水量的比例很高，在 80% 以上；长江下游、珠江三角洲、东南诸河区的多个水资源二级区的农业用水量占总用水量的比例较低，在 50% 以下。相应地，工业用水所占比例从东南向西北总体上逐渐减小。长江区、淮河区、东南诸河区和辽河区多数水资源二级区的工业用水量占总用水量的 20% 以上，西北诸河区、西南诸河区和松花江区多数二级区的工业用水量占总用水量的比例很低。

按照东、中、西部地区统计，生活用水及工业用水比例均为东部高、中部

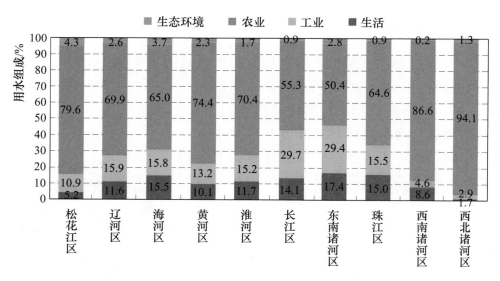

图 7-1-4 各水资源一级区用水结构

居中、西部低的特点，农业用水比例则东部低、中部居中、西部高，生态环境用水比例东部、中部及西部差异不大。从省级行政区的用水组成看，农业用水占总用水量 80% 以上的有新疆、西藏、宁夏、甘肃、黑龙江、内蒙古等 6 个省（自治区），主要位于西部地区，占 50% 以下的有上海、北京、重庆、浙江、天津等 5 个省（直辖市），主要位于东部地区；工业用水占总用水量 30% 以上的有上海、重庆、江苏等 3 个省（直辖市），占 10% 以下的有新疆、西藏、海南、宁夏、甘肃、内蒙古、云南、黑龙江等 8 个省（自治区）；生活用水占总用水量 20% 以上的有北京、重庆、天津、浙江、四川等 5 个省（直辖市），占 5% 以下的有新疆、宁夏、西藏、黑龙江、内蒙古等 5 个省（自治区）；生态环境用水占总用水量 5% 以上的有北京、天津、吉林等 3 个省（直辖市）。各省级行政区用水量结构见图 7-1-5。

从地级行政区农业用水比例分布情况看，我国农业用水量占 80% 以上的地区主要分布在西北地区、西南地区及东北地区的部分地级行政区，其他地级行政区呈较为零散的分布。农业用水量占总水量 40% 以下的地级行政区较少，主要分布在直辖市和省会城市及其周边地区，呈零散分布。从地级行政区工业用水比例分布情况看，全国大部分地级行政区工业用水量占总用水量的比例小于 15%，其中西北、西南及东北地区的大部分地级行政区工业用水占总水量的比例在 10% 以下，华南地区工业用水占总用水量的比例在 10% 以下地级行政区覆盖范围略低。工业用水量占总用水量比例较高的地级行政区呈零散分布，主要分布在长江三角洲地区以及沈阳、长春、呼和浩特、福州、广州、重庆等城市或其周边的经济发达区域。

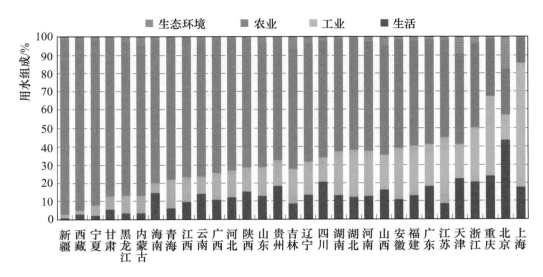

图 7-1-5 各省级行政区用水结构

三、综合用水指标

(一) 人均综合用水量

根据全国总用水量及中国统计年鉴公布的总人口计算，2011 年全国人均综合用水量为 461 m³。其中，北方 6 区人均综合用水量为 463m³，南方 4 区人均综合用水量为 464m³。从各水资源一级区看，西北诸河区人均综合用水量最大，达 2249m³；其次是松花江区，人均综合用水量为 738m³；其余水资源一级区人均综合用水量均小于 500m³，海河区最少，为 254 m³。2011 年各水资源一级区人均综合用水量详见表 7-1-2。从全国水资源二级区人均综合用水量分布看（详见附图 C7），人均综合用水量较大（大于 1000m³）的为西北诸河区的大部分二级区、西南诸河区的雅鲁藏布江及藏西诸河和藏南诸河以及松花江区的黑龙江干流和乌苏里江等二级区，主要原因是这些地区人均灌溉面积较多；人均综合用水量较小（小于 200m³）的为辽河区的东北沿黄渤海诸河、海河区的海河南系和海河北系、黄河区的龙羊峡以上和中游地区、淮河区的山东半岛诸河、长江区的嘉陵江和乌江、珠江区的南北盘江等二级区，主要原因是这些地区大多是水资源紧缺地区或经济相对欠发达地区。

按照东、中、西部地区统计，2011 年人均综合用水量分别为 400m³、483m³、538m³，中部地区大于东部地区，西部地区大于中部地区。从各省级行政区看，新疆维吾尔自治区和宁夏回族自治区人均综合用水量很大，分别为 2643m³ 和 1173 m³；北京市和天津市人均综合用水量很小，分别为 175m³ 和 193m³；其他省级行政区中，人均综合用水量介于 300～500m³ 的有 14 个省

（直辖市），人均综合用水量介于 $500\sim1000m^3$ 的有 13 个省（自治区、直辖市）。总体来看，西北地区人均综合用水量较多，华北地区及西南地区人均综合用水量较少。各省级行政区人均综合用水量详见图 7-1-6、附表 A22。

表 7-1-2　　　　　　　各水资源一级区综合用水指标　　　　　　单位：m^3

水资源 一级区	人均综合 用水量	万元地区生产 总值用水量	水资源 一级区	人均综合 用水量	万元地区生产 总值用水量
全国	461	131	淮河区	339	96
北方 6 区	463	119	长江区	464	124
南方 4 区	464	119	其中：太湖流域	543	61
松花江区	738	209	东南诸河区	422	81
辽河区	360	77	珠江区	478	121
海河区	254	57	西南诸河区	495	343
黄河区	349	92	西北诸河	2249	692

注　全国用水指标按中国统计年鉴全国经济社会指标计算，水资源分区及南北方用水指标按中国统计年鉴中省级经济社会指标计算。

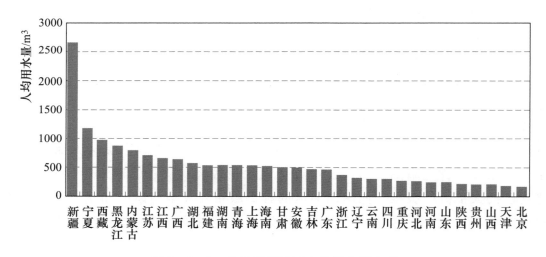

图 7-1-6　各省级行政区人均综合用水量

　　从地级行政区人均综合用水量分布看，我国人均综合用水量呈现明显的地带分布。西北地区、藏南地区及三江平原，人均灌溉面积多，人均综合用水量最大；长江中下游地区、华南地区、东南沿海以及东北地区经济相对发达，人均综合用水量较大；从华北地区到西南地区的中部地带，水资源紧缺或经济相对欠发达，人均综合用水量较小。

（二）万元地区生产总值用水量

　　根据全国总用水量及中国统计年鉴公布的国内生产总值计算，2011 年全国万元国内生产总值用水量为 131m³（按当年价格计算）。其中，北方 6 区与南方 4 区的万元地区生产总值用水量均为 119m³。从各水资源一级区看，西北诸河区万元地区生产总值用水量最大，达 692m³；其次是西南诸河区，万元地区生产总值用水量为 343m³；海河区和辽河区较少，分别为 57m³ 和 77m³。2011 年各水资源一级区万元地区生产总值用水量详见表 7-1-2。从全国水资源二级区万元地区生产总值用水量分布看（详见附图 C8），万元地区生产总值用水量较大（大于 500m³）的地区主要分布在西北诸河区的大部分二级区、西南诸河区的雅鲁藏布江及藏西诸河和藏南诸河，以及松花江区的黑龙江干流和乌苏里江等农业用水占总用水量比例较大的地区；万元地区生产总值用水量较小（小于 100m³）的地区主要分布在松花江区的第二松花江，辽河区的东北沿黄渤海诸河和浑太河，海河区的海河南系、海河北系和滦河及冀东沿海，黄河区中下游的二级区，淮河区的山东半岛诸河，长江区的岷沱江、嘉陵江、宜宾至宜昌干流、太湖水系，东南诸河区的钱塘江、浙东诸河、浙南诸河、闽南诸河，以及珠江区的珠江三角洲和东江等经济发达的地区。

　　按照东、中、西部地区统计，2011 年万元地区生产总值用水量分别为 76m³、160m³、194m³，中部地区是东部地区的 2 倍左右，西部地区是东部地区的 2.5 倍左右。从各省级行政区看，新疆维吾尔自治区万元地区生产总值用水量最大，达 883m³。北京市和天津市万元地区生产总值用水量最小，分别为 22m³ 和 23m³。其他省级行政区中，万元地区生产总值用水量在 200～500m³ 的有 6 个省（自治区），在 100～200m³ 的有 12 个省（自治区），在 50～100m³ 的有 10 个省（自治区）。总体来看，西北地区万元地区生产总值用水量指标较高，华北地区及华东地区万元地区生产总值用水量指标较低。各省级行政区万元地区生产总值用水量详见图 7-1-7。

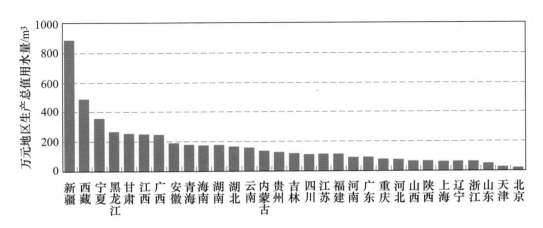

图 7-1-7　各省级行政区万元地区生产总值用水量

从地级行政区万元地区生产总值用水量分布看，我国万元地区生产总值呈现明显的地带分布特征。西北地区及藏南地区万元地区生产总值用水量最大，东北及中南部分地区万元地区生产总值用水量较大，环渤海地区、黄河中游地区、胶东地区、长三角地区、珠三角地区以及西南部分地区万元地区生产总值用水量较小。

第二节　总供水量及结构

本次普查在开展河湖取水口普查、地下取水井普查，以及经济社会用水情况调查对其他地表水水源和其他非常规水源进行调查分析的基础上，对计算单元的供水量分别进行了统计计算。

一、供水量

区域供水量指各种水源工程供给河道外用水户包括输水损失在内的水量，分别按地表水供水量、地下水供水量、非常规水源供水量汇总。本次普查的地表水供水量包括在河湖开发治理保护情况普查中进行普查的河湖取水口供水量 [1]，以及其他地表水源供水量。地下水供水量包括地下水取水井专项普查中进行普查的规模以上机电井取水量、规模以下机电井（井口井管内径小于200mm的灌溉机电井、日取水量小于20m^{3}的供水机电井）和人力井取水量。非常规水源供水量包括集雨工程供水量、再生水利用量、海水淡化利用量及其他非常规水源供水量。集雨工程供水量指通过利用或修建集雨场地收集雨水，并储存于微型蓄雨工程（水窖、水柜等）所利用的供水量。再生水利用量指经过城镇集中污水处理厂处理后直接供给用水户的水量，不包括经过污水处理厂处理后排入河道由下游用水户再次利用的水量，也不包括企业内部废污水处理后的重复利用量。

2011年全国总供水量为6197.08亿m^3，其中，北方6区供水量2828.26亿m^3，占全国总供水量的45.6%，南方4区供水量3368.82亿m^3，占全国总供水量的54.4%。各水资源一级区中，对于总供水量而言，长江区（包括太湖流域）供水量最大，为2064.18亿m^3，占全国的33.3%；珠江区次之，为868.22亿m^3，占全国的14.0%；西南诸河区供水量最小，仅102.99亿m^3，不足全国的2%。各水资源一级区供水量详见表7-2-1。

---

[1]　河湖取水口取水量是按取水口所在地统计，但河湖取水口供水量是按其供水对象所在地统计，两者有所差异。

表 7-2-1　　　　　　　　各水资源一级区供水量及其组成

水资源一级区	供水量/亿 m^3				供水组成/%		
	地表水	地下水	非常规水源	总供水量	地表水	地下水	非常规水源
全国	5029.22	1081.25	86.61	6197.08	81.2	17.4	1.4
北方 6 区	1812.95	964.5	50.81	2828.26	64.1	34.1	1.8
南方 4 区	3216.27	116.75	35.80	3368.82	95.5	3.5	1.0
松花江区	280.06	194.16	1.12	475.34	58.9	40.9	0.2
辽河区	97.47	101.58	3.92	202.98	48.0	50.1	1.9
海河区	124.22	225.15	18.18	367.55	33.8	61.3	4.9
黄河区	283.93	121.76	10.46	416.14	68.2	29.3	2.5
淮河区	489.94	159.88	8.11	657.93	74.5	24.3	1.2
长江区	1968.68	73.86	21.64	2064.18	95.4	3.6	1.0
其中：太湖流域	314.19	1.54	2.21	317.94	98.8	0.5	0.7
东南诸河区	322.04	10.1	1.28	333.42	96.6	3.0	0.4
珠江区	826.33	30.75	11.14	868.22	95.2	3.5	1.3
西南诸河区	99.20	2.05	1.74	102.99	96.3	2.0	1.7
西北诸河区	537.33	161.97	9.01	708.32	75.8	22.9	1.3

区域地表水和地下水供水量大小主要受水资源条件和用水需求因素的影响，可以通过单位面积地表水供水量和单位面积地下水供水量（简称供水强度）来反映区域间的差异。从水资源二级区供水强度看，地表水供水强度较高的包括淮河中下游二级区，长江中下游二级区，东南诸河区的所有二级区，以及珠江三角洲、东江、北江、西江、韩江及粤东诸河、粤西桂南诸河、海南岛、浑太河等水资源二级区，这些区域地表水用水强度在 10 万 m^3/km^2 以上，主要位于经济发达且地表水资源量相对丰富的地区；地表水供水强度较低的包括额尔古纳河、黑龙江干流、西辽河、黄河龙羊峡以上、黄河河口镇至龙门、黄河内流区、长江金沙江石鼓以上、雅鲁藏布江、藏南诸河、藏西诸河、内蒙古高原、青海湖水系、柴达木盆地、塔里木盆地荒漠区、古尔班通古特荒漠区、吐哈盆地小河、昆仑山北麓小河、羌塘高原内陆河等水资源二级区，这些区域供水强度在 1 万 m^3/km^2 以下，主要位于经济欠发达地区、无人区、或地表水资源量相对贫乏地区。2011 年全国水资源二级区地表水供水强度分布详见附图 C9。

地下水供水强度最高的区域为黄淮海平原和东北平原地区，包括松花江区的第二松花江、松花江三岔河口以下、乌苏里江，辽河区鸭绿江以外的所有二级区，海河区的所有二级区，淮河区淮河下游以外的所有二级区，黄河区的龙门至三门峡、三门峡至花园口、花园口以下等水资源二级区，珠江区的粤西桂南沿海诸河和西北诸河的天山北麓诸河亦有零星分布，这些区域地下水供水强度在 2 万 m^3/km^2 以上，主要分布在平原区地下水资源量相对丰富的地区。2011 年全国水资源二级区地下水供水强度分布详见附图 C10。

按照东、中、西部地区统计，供水量分别为 2211.88 亿、2038.70 亿、1946.50 亿 m^3，相应占全国供水量的 35.7%、32.9%、31.4%。各省级行政区中，供水量大于 400 亿 m^3 的有新疆、江苏和广东 3 个省（自治区），共占全国总供水量的 26.0%；供水量少于 50 亿 m^3 的有天津、西藏、青海、北京和海南 5 个省（自治区、直辖市），共占全国总供水量的 2.7%。各省级行政区中，地表水供水量最大的为江苏、广东和新疆 3 个省（自治区），分别为 537.28 亿 m^3、457.78 亿 m^3 和 455.15 亿 m^3；地表水供水量最少的是天津市，仅 19.03 亿 m^3。地下水供水量最大的为黑龙江省和河北省，近 150 亿 m^3；其次为新疆自治区、河南省、内蒙古自治区；地下水供水量最少的是上海市，仅 0.13 亿 m^3。2011 年各省级行政区供水量详见附表 A23。

从行政分区地表水供水强度看，2011 年全国平均地表水供水强度为 5.32 万 m^3/km^2，东部和中部地区地表水供水强度整体高于西部地区，呈从东南向西北递减态势，东、中、西部地区地表水供水强度分别为 17.14 万 m^3/km^2、9.68 万 m^3/km^2、2.37 万 m^3/km^2。地表水供水强度最高的区域为长江三角洲地区、广东及福建沿海地区以及武汉市、长沙市、南昌市和成都市及其周边地区等。2011 年全国平均地下水供水强度为 1.15 万 m^3/km^2。地下水供水强度较高的地区主要集中在北方，黄淮海平原和东北平原地区的地下水供水强度最高，新疆天山北坡地区和甘肃河西走廊地区的地下水供水强度次之。

二、供水结构

2011 年全国总供水量 6197.08 亿 m^3 中，地表水供水量占 81.2%，地下水供水量占 17.4%，非常规水源供水量占 1.4%，见图 7-2-1。

按水资源分区统计，北方 6 区地表水供水量占其总供水量的 64.1%，地下水供水量占 34.1%，非常规水源供水量占 1.8%；南方 4 区地表水供水量占其总供水量的 95.5%，地下水供水量占 3.5%，非常规水源供水量占 1.0%。在各水资源一级区中，海河区、辽河区和松花江区的地下水供水量所占比例均很高，分别为 61.3%、50.1% 和 40.9%；黄河区、淮河区和西北诸河区的地下水供水量所占比例在 21%～29%；其他水资源一级区地下水供水量所占比例在 4％以下。各水资源一级区供水结构详见图 7-2-2。

从水资源二级区分布看，南方地区的大部分水资源二级区地表水供水所占比例很高。其中，长江区、东南诸河区、珠江区、西南诸河区的大部分二级区地表水供水量占总供水量的 90％以上，此外，图们江、鸭绿江、黄河兰州至河口镇、青海湖水系、塔里木河干流、阿尔泰山南麓诸河等水资源二级区的地表水供水量也占总供水量的 90％以上。2011 年全国水资源二级区地表水供水比例详见附图 C11。相应地，北方地区的大部分水资源二级区地下水供水占有相当大的比例。其中，松花江区的第二松花江、松花江三岔河口以下、黑龙江干流、乌苏里江，辽河区的西辽河、东辽河、辽河干流，海河区的滦河及冀东沿海、海河北系、海河南系，黄河区的河口镇至龙门、龙门至三门峡、三门峡以下、内流区，以及西北诸河区的天山北麓诸河和吐哈盆地等水资源二级区的地下水供水量占总供水量的 40％以上。2011 年全国水资源二级区地下水供水比例详见附图 C12。

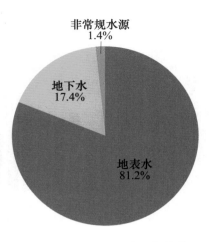

图 7-2-1　全国供水量结构

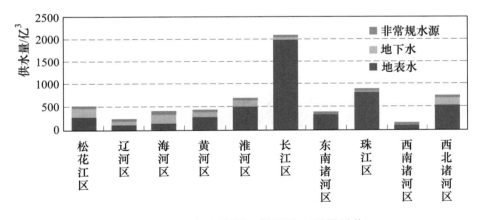

图 7-2-2　各水资源一级区供水量及结构

各省级行政区中，地下水供水量占总供水量比例最大的是河北省，超过了 3/4，占 78.3％；北京、河南、山西、黑龙江、内蒙古、辽宁、山东、吉林、陕西等省（自治区、直辖市）的地下水供水量均占有较大的比例，在 30％～50％；南方省级行政区地下水供水量所占比例一般在 5％以下。各省级行政区供水结构详见图 7-2-3。

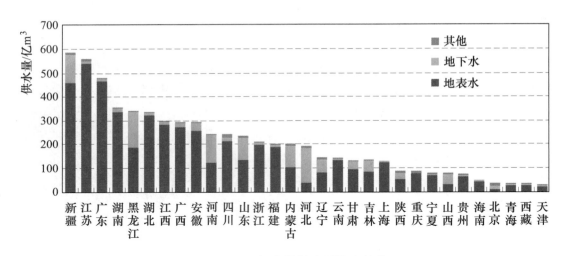

图 7-2-3 各省级行政区供水结构

从地级行政区分布看，南方省区的绝大部分地级行政区地表水供水量所占比例很高，占90％以上；而华北地区所在的北京、天津、河北、山西和辽宁的大部分地级行政区，以及内蒙古中东部、黑龙江省东北部、山东省西部、安徽省北部、河南省北部、陕西省北部、青海省南部、西藏北部和新疆东部的多数地级行政区地表水供水量所占比例较低，占总供水量的40％以下。相应地，北方地区的绝大部分地级行政区地下水供水量占有相当的比例。其中，北京和河北全部，以及山西北部、辽宁中西部、内蒙古中东部、黑龙江东北部、山东西部、安徽北部、河南北部、陕西北部和新疆东部的多数地级行政区，地下水供水量占总供水量的50％以上。

第三节 水量平衡分析

本次普查在分别独立进行用水量、供水量调查分析的基础上，对计算单元的供用水量和区域水量进行了平衡分析，以检验供用水量成果的合理性。

一、供用水量平衡分析

本次普查，为检验供用水量成果的合理性，对县级行政区套水资源三级区的供水量和毛用水量进行平衡分析。供水量从水源端分别按水源类型统计，毛用水量从用户端分别按用户类型统计（包括输水损失）。供给一个计算单元（县级行政区套水资源三级区）的供水量若与该计算单元的毛用水量相差超过±5％，应分别从供水量和用水量两个方面查找原因，对不正确的供水量、净用水量或毛用水量数据进行复核，以保证普查成果的准确性。首先，检查计算过程是否有错误；其次，在供水量方面重点检查地表水取水量是否为全口径，地表水取水量中的退水是否扣除，河湖取水口取水量是否有重复统计，供水的机电井是否未纳入供水量范围，非常规水源是否统计齐全以及区域调入、调出供水量是否考虑完善等方面；在用水量方面，重点检查用水大户的关键指标是否有误、行业用水指标采用是否合理、输水损失统计是否有遗漏等方面。直至供用水量两者相差小于±5%，从而获得各行业及区域毛用水量。

根据本次水利普查的河湖开发治理保护情况普查成果全国河湖取水口数量为638817个，2011年取水量4551.0亿m³；根据地下水取水井专项普查成果，全国地下水取水井为9748万眼，2011年地下水取水量1081.3亿m³。此外，经调查统计分析，全国独立塘坝、山泉水、移动泵站、岩溶水等其他地表水供水量为478.2亿m³；集雨工程供水量、再生水利用量、海水淡化利用量及其他非常规水源供水量86.6亿m³。因此，从供水端统计的全国各种水源的全口径供水量总计为6197.1亿m³。表明全国从供水端统计的供水量与从用水端统计的用水量基本接近，即经济社会用水情况调查与河湖取水口普查及地下取水井普查成果基本相符。各省级行政区从供水端统计的供水量与从用水端统计的用水量差异也较小，均在−2.1%～2.0%，符合供用水量平衡的要求。

二、流域水量平衡分析

根据2011年流域水资源量、耗水量等成果进行流域水量平衡分析，可以检查用水量成果的合理性。水量平衡检验的方程式如下：

$$\Delta W = W_{当地产} + W_{入境} - W_{耗损} - W_{出境} - W_{蓄变量}$$

式中　ΔW——区内水量平衡差；

$\quad W_{当地产}$——区内当地降水形成的产水量（水资源总量）；

$\quad W_{入境}$——流入区内的地表、地下水量；

$\quad W_{耗损}$——区内水量耗损量；

$\quad W_{出境}$——从区内流出的地表、地下水量；

$\quad W_{蓄变量}$——区内湖库和浅层地下水的蓄水变量。

为便于水量平衡分析，本次普查以流域为水量平衡单元，对供用水成果进行了平衡检验。流域水量平衡分析结果表明，全国外流区水量平衡差与水资源总量比例仅相差0.1%，各外流区的平衡差也基本在±5%以内，说明本次普查的供用水量成果合理可靠。各流域水量平衡分析详见表7-3-1。

表 7 - 3 - 1　　　　　　　　各流域水量平衡分析表

水资源一级区	水资源总量/亿 m³	入境水量/亿 m³	出境水量/亿 m³	蓄变量/亿 m³	水量耗损量/亿 m³	平衡差	
						差值/亿 m³	相对误差/%
外流区合计	21856.0	72.4	18411.0	−185.4	3683.6	19.2	0.1
松花江区	1177.4	2.0	807.0	−65.2	439.1	−1.5	−0.1
辽河区	410.0		265.9	−25.5	191.5	−21.9	−5.3
黄淮海区	1929.9		573.2	104.3	1258.7	−6.3	−0.3
长江区	7837.6		6892.0	−50.9	1122.5	−126.0	−1.6
东南诸河区	1423.0		1337.0	−40.3	180.5	−54.2	−3.8
珠江区	3692.2	49.8	3257.0	−107.2	419.6	172.6	4.6
西南诸河区	5386.0	20.7	5278.9	−0.6	71.7	56.7	1.0
西北诸河区	1400.6	94.8	233.5	−6.8	1287.3		

注　1. 水资源总量、入境水量、出境水量、蓄变量采用《中国水资源公报2011》成果，水量耗损量根据本次调查的用水量、《中国水资源公报2011》耗水率以及水资源综合规划成果估算。

　　2. 由于黄河区、海河区、淮河区间存在较大的调入、调出水量，本次水量平衡将其合并为一个单元进行平衡。此外，由于西北诸河为内陆河区域，大部分水量最终流入尾闾湖泊等，缺乏水量监测数据，本次未进行水量平衡分析。

第八章　重点区域供用水状况

依据我国国土空间不同区域的资源环境承载能力、现有开发强度和发展潜力，国务院于 2010 年制定了《全国主体功能区规划》，统筹谋划人口分布、经济布局、国土利用和城镇化格局，确定不同区域的主体功能，并据此明确开发方向，完善开发政策，控制开发强度，规范开发秩序，逐步形成人口、经济、资源环境相协调的国土空间开发格局。本章主要依据《全国主体功能区规划》中确定的功能分区，和《全国水中长期供求规划》确定的重要经济区、重点能源基地和粮食主产区范围，分析了 2011 年重点区域的供用水状况。

第一节　重　要　经　济　区

一、经济社会状况

全国 27 个重要经济区域总面积 282.12 万 km²，占全国总面积的 29.8%。各重要经济区域中，面积在 10 万 km² 以上的包括京津冀地区、辽中南地区、长江三角洲地区、呼包鄂榆地区、哈大齐工业走廊与牡绥地区、海峡西岸经济区、中原经济区、鄱阳湖生态经济区、成都经济区和兰州西宁地区，面积在 5 万 km² 以下的包括东陇海地区和宁夏沿黄经济区。

2011 年，全国 27 个重要经济区域总人口 98251 万，占全国总人口的 73%。各重要经济区域中，总人口在 5000 万人以上的包括京津冀地区、长江三角洲地区、珠江三角洲地区、海峡西岸经济区、中原经济区和成都经济区，总人口在 1000 万以下的包括藏中南地区、兰州西宁地区、宁夏沿黄经济区和天山北坡经济区。从人口密度看，全国重要经济区域平均人口密度为 348 人/km²，大大高于全国平均情况，是全国平均值的 2.4 倍。各重要经济区域中，人口密度最高的是长江三角洲地区和珠江三角洲地区，分别为 951 人/km² 和 1108 人/km²；人口密度较高的包括京津冀地区、山东半岛地区、冀中南地区、东陇海地区、中原经济区、武汉城市圈、环长株潭城市群、重庆经济区、成都经济区，在 400～650 人/km²；人口密度最低的是呼包鄂榆地区、藏中南地区、兰州西宁地区和天山北坡经济区，人口密度在 65 人/km² 以下。

2011 年，全国 27 个重要经济区域地区生产总值 42.63 万亿元，占全国地区生产总值的 82%。各重要经济区域中，地区生产总值大于 2 万亿元的有京津冀地区、辽中南地区、山东半岛地区、长江三角洲地区、珠江三角洲地区、海峡西岸经济区、中原经济区；地区生产总值最小的为藏中南地区，仅为 266 亿元。从人均地区生产总值看，全国重要经济区域平均人均地区生产总值为 43389 元，较全国平均值高 28%。各重要经济区域中，人均地区生产总值高于 60000 元的有京津冀地区、辽中南地区、山东半岛地区、长江三角洲地区、珠江三角洲地区和呼包鄂榆地区，人均地区生产总值最低的为黔中地区，为 18321 元。

2011 年，全国 27 个重要经济区域工业增加值为 18.72 万亿元，占全国工业增加值的 81%。各重要经济区域中，工业增加值大于 1 万亿元的有京津冀地区、辽中南地区、山东半岛地区、长江三角洲地区、珠江三角洲地区、海峡西岸经济区、中原经济区；工业增加值小于 1000 亿元为黔中地区、藏中南地区、宁夏沿黄经济区、天山北坡经济区，其中藏中南地区仅 21 亿元。

2011 年，全国 27 个重要经济区域耕地有效灌溉面积 5.87 亿亩，占全国耕地有效灌溉面积的 64%。各重要经济区域中，有效灌溉面积大于 3000 万亩的有长江三角洲地区、冀中南地区、中原经济区和成都经济区，小于 1000 万亩的有珠江三角洲地区、太原城市群、重庆经济区、黔中地区、滇中地区、藏中南地区、兰州西宁地区和宁夏沿黄经济区。从人均有效灌溉面积看，全国重要经济区域平均人均有效灌溉面积为 0.60 亩，比全国平均值低 15%。各重要经济区域中，人均有效灌溉面积大于 1 亩的有呼包鄂榆地区、哈大齐工业走廊与牡绥地区、宁夏沿黄经济区、天山北坡经济区，人均有效灌溉面积小于 0.4 亩的有长江三角洲地区、珠江三角洲地区、海峡西岸经济区、重庆经济区、黔中地区、滇中地区。

综上所述，全国重要经济区仅占全国面积的 29.8%，但人口密度高，经济发达，人口占全国的 73%，地区生产总值占全国的 82%，工业增加值占全国的 81%，耕地有效灌溉面积占全国的 64%，是我国经济发展最为核心的区域，发挥着举足轻重的作用。全国各重要经济区主要经济社会指标详见表 8-1-1。

二、用水量

全国 27 个重要经济区域总用水量 3997.77 亿 m³，占全国总用水量的 64.3%。其中，生活用水 555.69 亿 m³，工业用水 1000.06 亿 m³，农业用水 2370.30 亿 m³，生态环境用水 71.72 亿 m³。总用水量中，生活用水占 13.9%，工业用水占 25.0%，农业用水占 59.3%，生态环境用水量 1.8%，生活和工业用水比例明显高于全国平均比例，农业用水比例则明显低于全国平均比例，生态环境用水比例与全国平均比例相当。

表 8-1-1　　　　　全国各重要经济区主要经济社会指标

重要经济区域名称		计算面积/万 km²	常住人口/万人			地区生产总值/亿元	工业增加值/亿元	耕地有效灌溉面积/万亩	耕地实际灌溉面积/万亩
			城镇	农村	合计				
环渤海地区	小计	335237	7495	6358	13852	87946	37374	7299	5988
	京津冀地区	146899	3789	2496	6285	40192	13377	2997	2423
	辽中南地区	117924	2057	1809	3867	24098	11922	1540	1228
	山东半岛地区	70414	1649	2052	3701	23656	12075	2762	2336
长江三角洲地区		112834	7377	3353	10730	80614	37126	3642	3585
珠江三角洲地区		50051	4559	986	5545	41467	18712	748	721
冀中南地区		69445	1699	2443	4142	10713	4820	4088	3885
太原城市群		67765	755	693	1448	4992	2359	612	548
呼包鄂榆地区		176229	661	483	1143	10893	5128	1188	1034
哈长地区	小计	229388	1718	1870	3588	17284	6496	3552	2714
	哈大齐工业走廊与牡绥地区	155115	1006	1083	2088	9523	3376	2474	1930
	长吉图经济区	74273	712	787	1500	7761	3119	1078	784
东陇海地区		23764	706	845	1551	5376	2401	1154	1050
江淮地区		72083	1143	1696	2839	10445	4854	2792	2192
海峡西岸经济区		232403	4034	3914	7949	27476	12418	2905	2672
中原经济区		250163	4810	9544	14354	35982	18366	12361	11366
长江中游地区	小计	278440	4662	5943	10605	34576	14385	7239	6553
	武汉城市圈	57909	1492	1629	3122	10866	4125	2074	1772
	环长株潭城市群	96829	1700	2409	4109	15184	6506	2759	2484
	鄱阳湖生态经济区	123703	1470	1905	3375	8526	3754	2405	2297
北部湾地区		90770	1180	1700	2880	7334	2046	1307	1090
成渝地区	小计	207341	4173	5077	9250	27632	11864	3978	3157
	重庆经济区	51421	1421	1030	2451	9307	3981	814	551
	成都经济区	155920	2752	4047	6799	18324	7883	3164	2606
黔中地区		78206	763	1233	1995	3656	1041	691	463
滇中地区		93327	794	949	1744	4931	2146	684	576

续表

重要经济区域名称	计算面积/万 km²	常住人口/万人			地区生产总值/亿元	工业增加值/亿元	耕地有效灌溉面积/万亩	耕地实际灌溉面积/万亩
		城镇	农村	合计				
藏中南地区	60237	59	48	108	266	21	84	84
关中-天水地区	87697	1120	1605	2725	7695	2930	1351	1055
兰州-西宁地区	166404	327	378	705	2278	1201	398	356
宁夏沿黄经济区	23151	255	156	411	1883	764	522	518
天山北坡经济区	116307	434	254	687	2864	783	2077	2039
全国重要经济区	2821243	48723	49528	98251	426304	187236	58673	51646

从各重要经济区域的总用水量看，长江三角洲地区、中原经济区和海峡西岸经济区的用水量最大，分别为 620.30 亿 m³、380.77 亿 m³ 和 350.51 亿 m³，共占全国重要经济区的 34%。环长株潭城市群、鄱阳湖生态经济区和珠江三角洲地区的用水量较大，均在 240 亿 m³ 左右，共占全国重要经济区的 12%。太原城市群、黔中地区、藏中南地区和兰州西宁地区的用水量较小，均在 50 亿 m³ 以下，其中藏中南地区用水量最少，仅 8.19 亿 m³。

从各重要经济区域的用水结构看，长江三角洲地区、环长株潭城市群、武汉城市圈、重庆经济区、江淮地区和珠江三角洲地区，经济最为发达，工业用水占总用水量的比例较大，在 25%~50%；北部湾地区、藏中南地区、东陇海地区、冀中南地区、宁夏沿黄经济区、黔中地区和天山北坡经济区，经济相对落后，工业用水占总用水量的比例较小，在 10% 以下。相应地，长江三角洲地区、重庆经济区、京津冀地区和珠江三角洲地区，农业用水占总用水量的比例较小，占 30%~50%。北部湾地区、藏中南地区、鄱阳湖生态经济区、东陇海地区、冀中南地区、宁夏沿黄经济区、天山北坡经济区，农业用水占总用水量的比例较大，占 75%~92%。全国各重要经济区域用水量及用水结构详见图 8-1-1 和表 8-1-2。

从用水指标看，全国重要经济区用水效率较高，人均综合用水量和万元地区生产总值用水量分别为 407m³ 和 94m³，分别比全国平均值低 12% 和 29%，用水效率显著高于全国平均水平。全国重要经济区域的城镇居民和农村居民人均日用水量分别为 131L 和 68L，其中，城镇居民用水指标比全国平均值高 13L，农村居民用水指标与全国平均水平基本持平。全国重要经济区域的非电力工业万元增加值用水量和耕地实际灌溉亩均用水量分别为 30m³ 和 423m³，分别比全国平均值低 21% 和 9%。

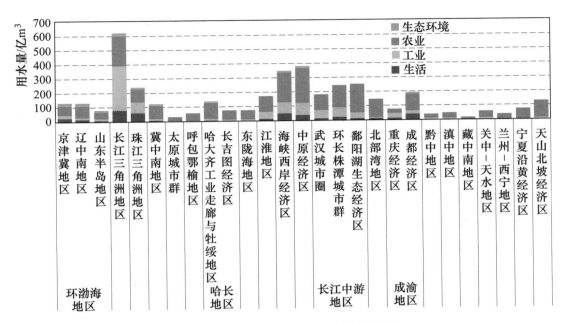

图 8-1-1　全国各重要经济区用水量

表 8-1-2　　　　　　　全国各重要经济区用水量

重要经济区域名称		用水量/亿 m³					用水组成/%			
		生活	工业	农业	生态环境	总用水量	生活	工业	农业	生态环境
环渤海地区	小计	59.81	62.24	197.56	15.28	334.89	17.9	18.6	59.0	4.6
	京津冀地区	30.91	25.33	65.25	9.11	130.60	23.7	19.4	50.0	7.0
	辽中南地区	16.51	20.08	85.96	2.17	124.72	13.2	16.1	68.9	1.7
	山东半岛地区	12.38	16.83	46.36	4.00	79.57	15.6	21.2	58.3	5.0
长江三角洲地区		84.86	308.32	214.26	12.86	620.30	13.7	49.7	34.5	2.1
珠江三角洲地区		58.13	88.56	90.12	3.74	240.55	24.2	36.8	37.5	1.6
冀中南地区		12.81	11.72	90.39	2.24	117.16	10.9	10.0	77.2	1.9
太原城市群		5.53	5.51	15.64	1.87	28.55	19.4	19.3	54.8	6.6
呼包鄂榆地区		4.66	8.36	36.47	1.27	50.76	9.2	16.5	71.8	2.5
哈长地区	小计	13.92	36.99	146.31	8.15	205.37	6.8	18.0	71.2	4.0
	哈大齐工业走廊与牡绥地区	7.90	20.43	103.39	6.49	138.20	5.7	14.8	74.8	4.7
	长吉图经济区	6.02	16.56	42.92	1.66	67.16	9.0	24.7	63.9	2.5
东陇海地区		7.52	6.37	56.44	0.67	71.00	10.6	9.0	79.5	0.9
江淮地区		17.67	55.76	95.01	1.58	170.01	10.4	32.8	55.9	0.9

续表

重要经济区域名称		用水量/亿 m³					用水组成/%			
		生活	工业	农业	生态环境	总用水量	生活	工业	农业	生态环境
海峡西岸经济区		53.02	74.44	216.71	6.34	350.51	15.1	21.2	61.8	1.8
中原经济区		48.56	81.83	243.83	6.54	380.77	12.8	21.5	64.0	1.7
长江中游地区	小计	75.91	159.92	430.46	2.72	669.00	11.3	23.9	64.3	0.4
	武汉城市圈	22.69	57.87	100.46	0.72	181.74	12.5	31.8	55.3	0.4
	环长株潭城市群	30.75	65.74	140.63	1.24	238.36	12.9	27.6	59.0	0.5
	鄱阳湖生态经济区	22.47	36.31	189.37	0.76	248.90	9.0	14.6	76.1	0.3
北部湾地区		20.63	9.26	112.29	0.96	143.14	14.4	6.5	78.4	0.7
成渝地区	小计	58.33	56.49	137.79	3.52	256.13	22.8	22.1	53.8	1.4
	重庆经济区	17.27	32.66	20.63	0.48	71.05	24.3	46.0	29.0	0.7
	成都经济区	41.05	23.83	117.16	3.04	185.08	22.2	12.9	63.3	1.6
黔中地区		8.16	4.21	22.88	0.14	35.40	23.1	11.9	64.6	0.4
滇中地区		8.36	7.05	24.98	0.46	40.85	20.5	17.2	61.1	1.1
藏中南地区		0.55	0.50	7.12	0.01	8.19	6.7	6.1	87.0	0.1
关中-天水地区		9.23	6.58	34.54	0.88	51.24	18.0	12.8	67.4	1.7
兰州-西宁地区		2.96	6.64	23.05	0.21	32.86	9.0	20.2	70.2	0.6
宁夏沿黄经济区		1.62	4.28	60.17	1.18	67.25	2.4	6.4	89.5	1.8
天山北坡经济区		3.44	5.05	114.25	1.09	123.83	2.8	4.1	92.3	0.9
全国重要经济区		555.69	1000.06	2370.30	71.72	3997.77	13.9	25.0	59.3	1.8

　　各重要经济区域中，人均综合用水量大于 600m³ 的有哈大齐工业走廊与牡绥地区、鄱阳湖生态经济区、藏中南地区、宁夏沿黄经济区和天山北坡经济区，其中后两者的人均综合用水量最大，分别为 1636m³ 和 1801m³；人均综合用水量小于 250m³ 的有京津冀地区、山东半岛地区、太原城市群、黔中地区、滇中地区和关中-天水地区。万元地区生产总值用水量大于 200m³ 的有鄱阳湖生态经济区、藏中南地区、宁夏沿黄经济区和天山北坡经济区，小于 50m³ 的有京津冀地区、山东半岛地区和呼包鄂榆地区。非电力工业万元增加值用水量大于 50m³ 的有江淮地区、武汉城市圈、重庆经济区、藏中南地区、兰州-西宁地区和天山北坡经济区，均位于我国中西部地区；小于 25m³ 的有京津冀地区、辽中南地区、山东半岛地区、长江三角洲地区、冀中南地区、太原城市群、呼包鄂榆地区、东陇海地区、黔中地区和关中-天水地区，大多位于

我国东部地区和严重缺水地区。耕地实际灌溉亩均用水量大于 600m³ 的有珠江三角洲地区、海峡西岸经济区、鄱阳湖生态经济区、北部湾地区、宁夏沿黄经济区，小于 300m³ 的有环渤海地区、冀中南地区、太原城市群、中原经济区、重庆经济区、关中-天水地区。全国各重要经济区主要用水指标详见表 8-1-3。

表 8-1-3　　　　　全国各重要经济区主要用水指标

重要经济区域名称		综合用水指标		居民生活用水指标 /(L·人⁻¹·d⁻¹)		非电力工业万元增加值用水量 /m³	耕地实际灌溉亩均用水量 /m³
		人均综合用水量 /m³	万元地区生产总值用水量 /m³	城镇	农村		
环渤海地区	小计	242	38	97	50	15	294
	京津冀地区	208	32	98	56	18	234
	辽中南地区	323	52	107	48	15	642
	山东半岛地区	215	34	82	44	13	173
长江三角洲地区		578	77	156	98	24	547
珠江三角洲地区		434	58	205	116	27	976
冀中南地区		283	109	78	45	23	223
太原城市群		197	57	104	48	20	263
呼包鄂榆地区		444	47	73	37	13	324
哈长地区	小计	572	119	92	46	36	512
	哈大齐工业走廊与牡绥地区	662	145	93	47	41	513
	长吉图经济区	448	87	90	45	30	510
东陇海地区		458	132	126	72	23	496
江淮地区		599	163	131	78	56	418
海峡西岸经济区		441	128	151	101	46	763
中原经济区		265	106	88	52	40	201
长江中游地区	小计	631	193	152	90	47	627
	武汉城市圈	582	167	145	77	60	525
	环长株潭城市群	580	157	164	98	39	533
	鄱阳湖生态经济区	737	292	145	92	46	806
北部湾地区		497	195	170	94	47	951
成渝地区	小计	277	93	140	69	37	380
	重庆经济区	290	76	160	75	52	293
	成都经济区	272	101	131	68	30	398

续表

重要经济区域 名称	综合用水指标		居民生活 用水指标 /(L·人$^{-1}$·d^{-1})		非电力工业 万元增加值 用水量 /m^3	耕地实际 灌溉亩均 用水量 /m^3
	人均综合 用水量 /m^3	万元地区生产 总值用水量 /m^3	城镇	农村		
黔中地区	177	97	121	50	28	465
滇中地区	234	83	118	59	27	390
藏中南地区	758	307	135	49	249	595
关中-天水地区	188	67	100	39	21	286
兰州-西宁地区	466	144	90	31	53	543
宁夏沿黄经济区	1636	357	75	37	48	1057
天山北坡经济区	1801	432	109	58	58	507
全国重要经济区	407	94	131	68	30	423

三、供水量

全国27个重要经济区域总供水量3984.77亿 m^3，占全国总供水量的64.3%。其中，地表水供水3269.65亿 m^3，地下水供水665.82亿 m^3，非常规水源供水49.30亿 m^3。总供水量中，地表水占82.1%，地下水占16.7%，非常规水源占1.2%，地表水供水比例略高于全国平均比例，地下水和非常规水源供水比例略低于全国平均比例。

从各重要经济区域的供水结构看，南方地区所在的重要经济区地表水源供水量大多在90%以上，北方地区所在的重要经济区地下水源供水量占有一定比例。地下水源供水占50%以上的有京津冀地区、冀中南地区和呼包鄂榆地区，地下水源供水占25%~50%的有辽中南地区、山东半岛地区、太原城市群、哈大齐工业走廊与牡绥地区、长吉图经济区、中原经济区、关中-天水地区和天山北坡经济区。

从重要经济区的水资源开发利用程度看，全国重要经济区2011年供水量占其当地多年平均水资源总量的35%。各重要经济区域中，宁夏沿黄经济区2011年的供水量已大大超过当地多年平均水资源总量，大部分供水需要引提黄河水解决。冀中南地区、天山北坡经济区、长江三角洲地区和东陇海地区2011年的供水量与当地多年平均水资源总量相当，京津冀地区、山东半岛地区、太原城市群、呼包鄂榆地区、哈大齐工业走廊与牡绥地区、长吉图经济区、中原经济区和武汉城市圈的供水量已占当地多年平均水资源总量的50％～77％，其他重要经济区域的供水量占当地多年平均水资源总量的比例大多在30％以下。全国各重要经济区域供水量及供水结构详见图8-1-2和表8-1-4。

表8-1-4　　　　　　　　　全国各重要经济区供水量

重要经济区域名称		供水量/亿 m³				供水组成/%		
		地表水	地下水	非常规水源	合计	地表水	地下水	非常规水源
环渤海地区	小计	169.00	146.95	17.72	333.68	50.6	44.0	5.3
	京津冀地区	44.59	72.46	12.84	129.88	34.3	55.8	9.9
	辽中南地区	74.63	46.72	3.20	124.55	59.9	37.5	2.6
	山东半岛地区	49.78	27.77	1.69	79.24	62.8	35.0	2.1
长江三角洲地区		610.88	6.44	3.14	620.46	98.5	1.0	0.5
珠江三角洲地区		236.28	1.95	0.93	239.16	98.8	0.8	0.4
冀中南地区		18.29	96.70	1.26	116.26	15.7	83.2	1.1
太原城市群		11.85	13.49	3.27	28.61	41.4	47.1	11.4
呼包鄂榆地区		22.79	26.26	1.69	50.74	44.9	51.7	3.3
哈长地区	小计	148.57	55.85	0.59	205.01	72.5	27.2	0.3
	哈大齐工业走廊与牡绥地区	100.13	35.22	0.41	135.76	73.8	25.9	0.3
	长吉图经济区	48.44	20.62	0.19	69.25	69.9	29.8	0.3
东陇海地区		64.62	6.07	0.40	71.09	90.9	8.5	0.6
江淮地区		166.59	2.70	0.31	169.59	98.2	1.6	0.2
海峡西岸经济区		336.68	10.68	0.77	348.13	96.7	3.1	0.2
中原经济区		202.12	172.24	4.40	378.75	53.4	45.5	1.2
长江中游地区	小计	637.59	25.87	1.64	665.10	95.9	3.9	0.2
	武汉城市圈	175.16	4.19	1.01	180.35	97.1	2.3	0.6
	环长株潭城市群	227.66	11.54	0.12	239.32	95.1	4.8	0.0
	鄱阳湖生态经济区	234.77	10.14	0.51	245.42	95.7	4.1	0.2
北部湾地区		128.36	13.34	1.25	142.95	89.8	9.3	0.9
成渝地区	小计	230.22	18.10	7.59	255.92	90.0	7.1	3.0
	重庆经济区	68.99	1.23	0.15	70.36	98.0	1.7	0.2
	成都经济区	161.24	16.87	7.45	185.55	86.9	9.1	4.0

续表

重要经济区域名称	供水量/亿 m³				供水组成/%		
	地表水	地下水	非常规水源	合计	地表水	地下水	非常规水源
黔中地区	33.45	0.53	1.35	35.32	94.7	1.5	3.8
滇中地区	38.85	1.29	0.50	40.65	95.6	3.2	1.2
藏中南地区	6.77	1.23	0.27	8.27	81.9	14.8	3.2
关中-天水地区	30.61	19.50	1.28	51.38	59.6	37.9	2.5
兰州-西宁地区	29.10	3.72	0.10	32.92	88.4	11.3	0.3
宁夏沿黄经济区	61.94	4.67	0.54	67.16	92.2	7.0	0.8
天山北坡经济区	85.07	38.24	0.31	123.63	68.8	30.9	0.3
全国重要经济区	3269.65	665.82	49.30	3984.77	82.1	16.7	1.2

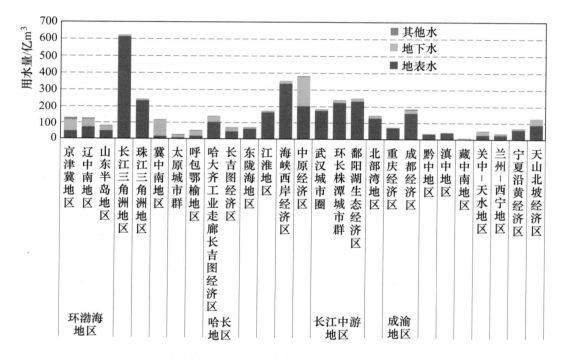

图 8-1-2　全国各重要经济区供水量

　　总体来看，全国重要经济区占全国面积的比例较小，但人口和地区生产总值占全国的比例很高，用水效率明显高于全国平均水平。长江三角洲地区、中原经济区、海峡西岸经济区、环长株潭城市群、鄱阳湖生态经济区和珠江三角洲地区是重要经济区中供用水最为集中的区域。全国重要经济区水资源开发利用程度显著高于全国平均情况，部分区域水资源开发利用程度已很高。

第二节 重点能源基地

一、经济社会状况

全国 17 个重点能源基地总面积 100.50 万 km², 占全国总面积的 10.5%。
2011 年, 全国重点能源基地总人口 7861 万人, 占全国总人口的 5.9%。各重
点能源基地中, 云贵煤炭基地、蒙东(东北)煤炭基地、晋中煤炭基地(含晋
西)、晋东煤炭基地和陕北能源化工基地人口较多, 在 500 万人以上, 共占全
国重点能源基地的 65%。全国重点能源基地地区生产总值 3.48 万亿元, 占全
国地区生产总值的 6.7%。从人均地区生产总值看, 全国重点能源基地人均地
区生产总值为 44323 元, 比全国平均水平高 26%。全国重点能源基地工业增
加值为 1.62 万亿元, 占全国工业增加值的 7.0%。全国重点能源基地耕地有
效灌溉面积 0.68 亿亩, 占全国耕地有效灌溉面积的 7.3%。2011 年全国各重
点能源基地主要经济社会指标详见表 8-2-1。

表 8-2-1　　　　全国各重点能源基地主要经济社会指标

片区名称	主要能源基地	常住人口/万人			地区生产总值/亿元	工业增加值/亿元	工业总产值/亿元	耕地有效灌溉面积/万亩	耕地实灌面积/万亩
		城镇	农村	合计					
山西	晋北煤炭基地	274	225	500	1664	747	2556	214	199
	晋东煤炭基地	512	366	878	3676	1737	4448	217	191
	晋中煤炭基地(含晋西)	493	505	997	3975	2188	6015	421	375
	小计	1279	1096	2374	9315	4672	13018	852	766
鄂尔多斯盆地	陕北能源化工基地	183	361	544	3283	1956	3727	232	212
	黄陇煤炭基地	92	248	340	934	495	1375	210	166
	神东煤炭基地	92	248	340	934	495	1375	210	166
	鄂尔多斯市能源与重化工产业基地	116	84	200	3230	1670	3715	456	381
	宁东煤炭基地	79	75	154	808	407	1275	235	229
	陇东能源化工基地	88	268	356	510	225	587	75	51
	小计	819	1099	1917	12271	6424	14747	1429	1248

续表

片区名称	主要能源基地	常住人口/万人			地区生产总值/亿元	工业增加值/亿元	工业总产值/亿元	耕地有效灌溉面积/万亩	耕地实灌面积/万亩
		城镇	农村	合计					
东北地区	大庆油田	144	132	276	3753	1598	4227	520	308
	蒙东（东北）煤炭基地	701	351	1052	4758	1880	6022	1501	1257
	小计	845	483	1328	8511	3478	10249	2021	1565
西南地区	云贵煤炭基地	500	1185	1684	2653	1138	3179	566	393
新疆	准东煤炭、石油基地	32	57	90	327	68	306	593	529
	伊犁煤炭基地	72	107	179	290	38	75	420	404
	吐哈煤炭、石油基地	62	55	117	431	159	268	204	190
	克拉玛依-和丰石油、煤炭基地	71	30	101	801	150	1858	374	349
	库拜煤炭基地	22	48	70	245	61	160	307	289
	小计	260	298	557	2094	477	2668	1899	1761
全国重点能源基地		3702	4160	7861	34844	16189	43861	6766	5733

二、用水量

全国 17 个重点能源基地总用水量 391.35 亿 m³，占全国总用水量的 6.3%。其中，生活用水 28.76 亿 m³，工业用水 46.29 亿 m³，农业用水 303.02 亿 m³，生态环境用水 13.28 亿 m³。总用水量中，生活用水占 7.4%，工业用水占 11.8%，农业用水占 77.4%，生态环境用水量 3.4%，生活和工业用水比例明显低于全国平均比例，农业用水比例明显高于全国平均比例，说明重点能源基地主要集中在偏远地区，农业比例较大。

从各重点能源基地的总用水量看，蒙东煤炭基地、伊犁煤炭基地和准东煤炭石油基地的用水量最大，分别为 76.11 亿 m³、34.74 亿 m³ 和 33.29 亿 m³，共占全国重点能源基地的 37%。陇东能源化工基地、黄陇煤炭基地和晋北煤炭基地的用水量最小，分别为 3.91 亿 m³、7.51 亿 m³ 和 9.38 亿 m³。其他能源基地用水量在 10 亿~30 亿 m³。

从各重点能源基地的用水结构看，晋东煤炭基地、晋北煤炭基地、神东煤炭基地的工业用水占总用水量的比例较大，均超过了 25%；准东煤炭石油基地、伊犁煤炭基地、吐哈煤炭石油基地、克拉玛依能源基地和库拜煤炭基地的工业用水占总用水量的比例较小，占 6% 以下。全国各重点能源基地用水量及用水结构详见图8-2-1和表8-2-2。

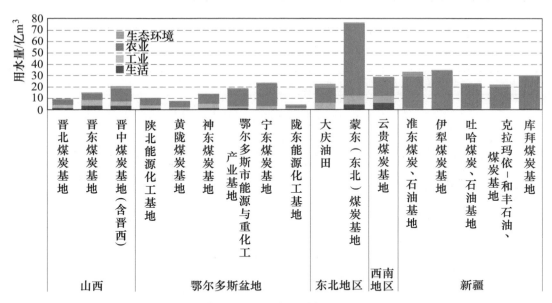

图 8-2-1 全国各重点能源基地用水量

表 8-2-2 全国各重点能源基地用水量

片区名称	主要能源基地	用水量/亿 m³					用水组成/%			
		生活	工业	农业	生态环境	总用水量	生活	工业	农业	生态环境
山西	晋北煤炭基地	1.59	2.65	4.56	0.57	9.38	17.0	28.3	48.6	6.1
	晋东煤炭基地	3.91	4.56	5.36	0.87	14.71	26.6	31.0	36.5	5.9
	晋中煤炭基地（含晋西）	3.37	4.27	11.47	1.38	20.49	16.5	20.8	56.0	6.7
	小计	8.88	11.48	21.39	2.82	44.57	19.9	25.8	48.0	6.3
鄂尔多斯盆地	陕北能源化工基地	1.45	2.22	6.49	0.05	10.21	14.2	21.7	63.6	0.5
	黄陇煤炭基地	0.74	1.20	5.54	0.03	7.51	9.9	15.9	73.8	0.4
	神东煤炭基地	1.58	3.56	8.70	0.15	13.99	11.3	25.5	62.2	1.1
	鄂尔多斯市能源与重化工产业基地	0.90	1.99	15.19	0.59	18.67	4.8	10.7	81.3	3.2
	宁东煤炭基地	0.49	2.43	19.78	0.37	23.07	2.1	10.6	85.7	1.6
	陇东能源化工基地	0.82	0.87	2.12	0.10	3.91	21.0	22.3	54.3	2.4
	小计	5.99	12.27	57.82	1.29	77.37	7.7	15.9	74.7	1.7
东北地区	大庆油田	0.93	5.35	13.28	2.96	22.51	4.1	23.8	59.0	13.1
	蒙东（东北）煤炭基地	4.66	8.23	62.94	0.28	76.11	6.1	10.8	82.7	0.4
	小计	5.59	13.58	76.22	3.23	98.62	5.7	13.8	77.3	3.3

续表

片区名称	主要能源基地	用水量/亿 m³					用水组成/%			
		生活	工业	农业	生态环境	总用水量	生活	工业	农业	生态环境
西南地区	云贵煤炭基地	6.19	6.14	16.40	0.13	28.87	21.5	21.3	56.8	0.5
新疆	准东煤炭、石油基地	0.24	0.62	28.47	3.97	33.29	0.7	1.9	85.5	11.9
	伊犁煤炭基地	0.58	0.24	33.67	0.24	34.74	1.7	0.7	96.9	0.7
	吐哈煤炭、石油基地	0.50	0.51	21.57	0.18	22.76	2.2	2.3	94.8	0.8
	克拉玛依-和丰石油、煤炭基地	0.47	1.25	18.27	1.38	21.37	2.2	5.9	85.5	6.5
	库拜煤炭基地	0.33	0.19	29.20	0.03	29.75	1.1	0.6	98.2	0.1
	小计	2.11	2.81	131.19	5.80	141.91	1.5	2.0	92.4	4.1
全国重点能源基地		28.76	46.29	303.02	13.28	391.35	7.4	11.8	77.4	3.4

从用水指标看，全国重点能源基地的人均综合用水量和万元地区生产总值用水量分别为 498m³ 和 112m³，分别比全国平均值高 8% 和低 15%。全国重点能源基地的城镇居民和农村居民人均日用水量分别为 96L 和 46L，分别比全国平均值低 18L 和 27L。全国重点能源基地工业用水效率较高，工业万元增加值用水量为 29m³，比全国平均值低 55%。全国重点能源基地耕地实际灌溉亩均用水量 467m³，与全国平均值持平。

各重点能源基地中，工业万元增加值用水量较大的是准东煤炭石油基地、克拉玛依—和丰石油煤炭基地、伊犁煤炭基地和宁东煤炭基地，高于 50m³；工业万元增加值用水量最小的是陕北能源化工基地和鄂尔多斯市能源与重化工产业基地，分别为 11m³ 和 12m³。全国各重点能源基地主要用水指标详见表 8-2-3。

三、供水量

全国 17 个重点能源基地总供水量 390.36 亿 m³，占全国总供水量的 6.3%。其中，地表水供水 253.09 亿 m³，地下水供水 122.57 亿 m³，非常规水源供水 14.70 亿 m³。总供水量中，地表水占 64.8%，地下水占 31.4%，非常规水源占 3.8%，地表水供水比例低于全国平均比例，地下水和非常规水源供水比例高于全国平均比例。

表 8-2-3　　　　　　　　全国各重点能源基地主要用水指标

片区名称	主要能源基地	综合用水指标		居民生活用水指标 /(L·人⁻¹·d⁻¹)		工业万元增加值用水量 /m³	耕地实际灌溉亩均用水量 /m³
		人均综合用水量 /m³	万元地区生产总值用水量 /m³	城镇	农村		
山西	晋北煤炭基地	188	56	85	41	35	208
	晋东煤炭基地	168	40	113	49	26	247
	晋中煤炭基地（含晋西）	205	52	101	44	20	285
	小计	188	48	102	45	25	256
鄂尔多斯盆地	陕北能源化工基地	188	31	83	39	11	272
	黄陇煤炭基地	221	80	88	34	24	276
	神东煤炭基地	432	40	70	36	21	388
	鄂尔多斯市能源与重化工产业基地	935	58	81	36	12	358
	宁东煤炭基地	1494	285	71	36	60	817
	陇东能源化工基地	110	77	67	36	39	330
	小计	404	63	76	37	19	421
东北地区	大庆油田	816	60	100	43	33	354
	蒙东（东北）煤炭基地	723	160	99	43	44	489
	小计	743	116	99	43	39	462
西南地区	云贵煤炭基地	171	109	110	54	54	374
新疆	准东煤炭、石油基地	3715	1019	77	42	91	463
	伊犁煤炭基地	1940	1197	104	56	63	732
	吐哈煤炭、石油基地	1940	528	83	51	32	612
	克拉玛依-和丰石油、煤炭基地	2110	267	93	57	83	462
	库拜煤炭基地	4249	1216	88	54	31	918
	小计	2546	678	91	52	59	615
全国重点能源基地		498	112	96	46	29	467

从各重点能源基地的供水结构看，地表水源供水占 80％ 以上的有库拜煤炭基地、宁东煤炭基地、大庆油田、伊犁煤炭基地和云贵煤炭基地。地下水源供水占 50％ 以上的有吐哈煤炭石油基地、鄂尔多斯市能源与重化工产业基地、蒙东（东北）煤炭基地、晋北煤炭基地和陕北能源化工基地。

重点能源基地大多位于我国水资源短缺地区，从重点能源基地水资源开发利用程度看，全国重点能源基地 2011 年供水量占其当地多年平均水资源总量的 66％。各重点能源基地中，库拜煤炭基地、伊犁煤炭基地、准东煤炭石油基地、鄂尔多斯市能源与重化工产业基地、吐哈煤炭石油基地和克拉玛依-和丰石油、煤炭基地的 2011 年供水量已超过当地多年平均水资源总量，部分供水通过取用过境水解决。陕北能源化工基地、黄陇煤炭基地和宁东煤炭基地的 2011 年供水量已占当地多年平均水资源总量的 80％ 左右，其他重点能源基地的供水量占当地多年平均水资源总量的比例大多在 50％ 以下。全国各重点能源基地供水量及供水结构详见图 8-2-2 和表 8-2-4。

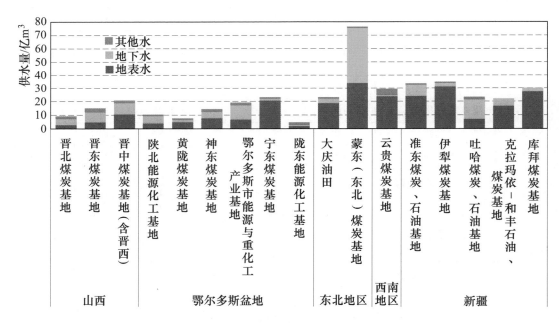

图 8-2-2　全国各重点能源基地供水量

总体来看，全国重点能源基地大多位于我国北方缺水地区，占全国面积的比例小，人口和地区生产总值占全国的比例也小，其工业用水效率明显高于全国平均水平。重点能源基地的水资源开发利用程度普遍较高，蒙东煤炭基地、伊犁煤炭基地和准东煤炭、石油基地是重点能源基地中供用水最为集中的区域。

表 8-2-4　　　　　　　　　　全国各重点能源基地供水量

片区名称	主要能源基地	供水量/亿 m³				供水组成/%		
		地表水	地下水	非常规水源	合计	地表水	地下水	非常规水源
山西	晋北煤炭基地	3.00	5.00	1.35	9.35	32.1	53.5	14.4
	晋东煤炭基地	5.36	6.81	2.49	14.66	36.6	46.4	17.0
	晋中煤炭基地（含晋西）	10.85	7.92	1.77	20.54	52.8	38.5	8.6
	小计	19.21	19.73	5.61	44.55	43.1	44.3	12.6
鄂尔多斯盆地	陕北能源化工基地	4.74	5.17	0.29	10.21	46.5	50.6	2.9
	黄陇煤炭基地	4.95	2.13	0.30	7.38	67.1	28.8	4.1
	神东煤炭基地	7.86	5.61	0.63	14.10	55.8	39.7	4.5
	鄂尔多斯市能源与重化工产业基地	7.22	10.62	0.74	18.58	38.8	57.2	4.0
	宁东煤炭基地	21.09	1.59	0.41	23.09	91.4	6.9	1.8
	陇东能源化工基地	2.39	0.86	0.67	3.92	61.0	21.9	17.1
	小计	48.26	25.97	3.05	77.28	62.5	33.6	3.9
东北地区	大庆油田	18.88	3.20	0.05	22.13	85.3	14.5	0.2
	蒙东（东北）煤炭基地	34.25	40.54	0.81	75.60	45.3	53.6	1.1
	小计	53.12	43.74	0.86	97.72	54.4	44.8	0.9
西南地区	云贵煤炭基地	24.34	0.45	3.99	28.78	84.6	1.6	13.9
新疆	准东煤炭、石油基地	24.07	9.07	0.00	33.14	72.6	27.4	0.0
	伊犁煤炭基地	31.34	3.08	0.09	34.51	90.8	8.9	0.3
	吐哈煤炭、石油基地	7.81	13.87	1.10	22.78	34.3	60.9	4.8
	克拉玛依-和丰石油、煤炭基地	16.62	4.69	0.00	21.31	78.0	22.0	0.0
	库拜煤炭基地	28.32	1.98	0.00	30.30	93.5	6.5	0.0
	小计	108.15	32.69	1.19	142.04	76.1	23.0	0.8
全国重点能源基地		253.09	122.57	14.70	390.36	64.8	31.4	3.8

第三节　粮食主产区

一、经济社会状况

全国 7 片区 17 个粮食重点产业带总面积 269.65 万 km²，占全国总面积的

28%。2011年，全国粮食主产区总人口50292万人，占全国总人口的37.5%；全国粮食主产区地区生产总值13.7万亿元，占全国地区生产总值的26.3%，人均地区生产总值为27280元，低于全国平均水平22%；全国粮食主产区工业增加值为6.01万亿元，占全国工业增加值的26%；全国粮食主产区耕地有效灌溉面积5.85亿亩，占全国耕地有效灌溉面积的63.4%。从经济发展状况来看，粮食主产区灌溉面积比例较大，工业产值比例较小。

2011年，全国粮食主产区平均人均耕地有效灌溉面积1.16亩，比全国平均值高70%。各粮食重点产业带中，人均耕地有效灌溉面积最多的是三江平原、宁蒙河段区和甘新地区，分别为5.23亩、3.70亩、3.34亩；其他粮食重点产业带人均耕地有效灌溉面积均低于1.4亩，最低的为四川盆地区，仅0.56亩。全国粮食主产区主要经济社会指标详见表8-3-1。

表8-3-1　　　　　　　全国粮食主产区主要经济社会指标

区域	重点产业带	常住人口/万人			地区生产总值/亿元	工业增加值/亿元	耕地有效灌溉面积/万亩	耕地实灌面积/万亩	非耕地实灌面积/万亩
		城镇	农村	合计					
东北平原	三江平原	292	389	681	2222	484	3563	3176	1
	松嫩平原	1180	2702	3882	10207	3142	5333	4064	39
	辽河中下游区	668	2005	2673	12141	5563	3130	2566	167
黄淮海平原	黄海平原	2079	4396	6475	20064	9811	7824	7464	229
	黄淮平原	3416	8190	11606	25468	11098	12491	11098	321
	山东半岛区	729	1872	2601	11474	6028	2277	1947	144
长江流域	洞庭湖湖区	1258	2776	4034	9477	4246	3210	2840	115
	江汉平原区	777	1706	2483	5903	2226	2668	2289	122
	鄱阳湖湖区	779	1377	2156	4657	2101	1872	1782	49
	长江下游地区	1053	1611	2664	10778	5207	2823	2510	98
	四川盆地区	1369	3028	4397	8670	3636	2444	1910	90
汾渭平原	汾渭谷地区	622	1452	2074	4957	2447	1557	1287	75
河套灌区	宁蒙河段区	194	345	538	2680	1331	1992	1866	109
华南主产区	浙闽区	217	333	549	2067	928	613	560	32
	粤桂丘陵区	207	469	676	1630	556	574	526	54
	云贵藏高原区	360	900	1260	1974	616	976	796	92
甘肃新疆	甘新地区	443	1098	1541	2830	664	5140	4883	1028
全国主要粮食主产区		15643	34649	50292	137199	60082	58486	51563	2765

二、灌溉面积及结构

2011 年粮食主产区耕地实灌面积为 51563 万亩，占全国总耕地实灌面积的 63.4％。从区域看，黄淮海平原和长江流域耕地实灌面积最大，分别为 20508 万亩和 11331 万亩；汾渭平原最小，仅为 1287 万亩。各区域中，甘肃新疆、河套灌区、黄淮海平原及汾渭平原以水浇地为主，其他区域以水田为主。从重点产业带来看，黄淮平原和黄海平原耕地实灌面积最大，分别为 11098 万亩和 7464 万亩；粤桂丘陵区和浙闽区耕地实灌面积最小，分别为 526 万亩和 560 万亩。2011 年全国粮食主产区耕地实灌面积详见表 8－3－1。

2011 年粮食主产区非耕地实灌面积为 2765 万亩。从区域看，甘肃新疆和黄淮海平原非耕地实灌面积最大，分别为 1028 万亩和 694 万亩；河套灌区和汾渭平原非耕地实灌面积最小，分别为 109 万亩和 75 万亩。从重点产业带来看，甘新地区和黄淮平原非耕地实灌面积最大，分别为 1028 万亩和 321 万亩；三江平原非耕地实灌面积最小，仅为 1 万亩。2011 年全国粮食主产区非耕地灌溉面积详见表 8－3－1。

三、用水量

2011 年，全国 17 个粮食重点产业带总用水量 2926.38 亿 m^3，占全国总用水量的 47％。其中，生活用水 204.86 亿 m^3，工业用水 273.17 亿 m^3，农业用水 2420.46 亿 m^3，生态环境用水 27.89 亿 m^3。总用水量中，生活用水占 7.0％，工业用水占 9.3％，农业用水占 82.7％，生态环境用水量 1.0％，生活和工业用水比例明显低于全国平均水平，农业用水比例略高于全国平均水平，说明粮食主产区农业比例普遍较大。

从 17 个粮食重点产业带的总用水量看，甘新地区和黄淮平原的用水量最大，分别为 432.64 亿 m^3 和 429.73 亿 m^3，共占全国粮食主产区的 30％；松嫩平原、洞庭湖湖区、黄海平原、长江下游地区、鄱阳湖湖区和三江平原的用水量较大，分别在 150 亿～240 亿 m^3；山东半岛区、汾渭谷地区、浙闽区、云贵藏高原区用水量较小，分别在 50 亿 m^3 左右。全国各粮食主产区用水量及用水结构详见图 8－3－1、表 8－3－2。

从用水指标看，全国粮食主产区的人均综合用水量和万元地区生产总值用水量分别为 582m^3 和 213m^3，分别比全国平均值高 26％和 63％，用水效率显著低于全国平均水平。全国粮食主产区的城镇居民和农村居民人均日用水量分别为 105L 和 60L，分别比全国平均值低 13L。全国粮食主产区的万元工业增加值用水量和耕地实际灌溉亩均用水量分别为 45m^3 和 434m^3，分别比全国平均值低 28% 和 6%。

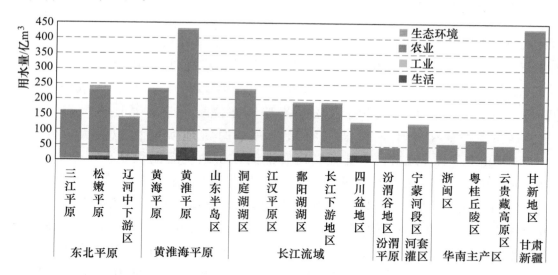

图 8-3-1　全国各粮食主产区用水量

表 8-3-2　　　　　　　　　　全国各粮食主产区用水量表

区域	重点产业带	用水量/亿 m³					用水组成/%			
		生活	工业	农业	生态环境	总用水量	生活	工业	农业	生态环境
东北平原	三江平原	2.04	3.50	154.96	0.28	160.78	1.3	2.2	96.4	0.2
	松嫩平原	10.85	10.51	207.09	10.28	238.72	4.5	4.4	86.7	4.3
	辽河中下游区	7.63	9.53	118.34	2.01	137.51	5.5	6.9	86.1	1.5
黄淮海平原	黄海平原	18.85	26.24	183.53	2.38	230.99	8.2	11.4	79.5	1.0
	黄淮平原	41.49	52.38	332.95	2.91	429.73	9.7	12.2	77.5	0.7
	山东半岛区	7.19	7.73	35.89	1.47	52.28	13.8	14.8	68.7	2.8
长江流域	洞庭湖湖区	24.74	43.49	162.53	0.57	231.32	10.7	18.8	70.3	0.2
	江汉平原区	15.01	17.50	125.12	1.27	158.90	9.4	11.0	78.7	0.8
	鄱阳湖湖区	13.61	21.58	152.28	0.51	187.99	7.2	11.5	81.0	0.3
	长江下游地区	15.29	30.11	142.28	2.49	190.18	8.0	15.8	74.8	1.3
	四川盆地区	21.58	22.16	81.39	0.95	126.08	17.1	17.6	64.6	0.8
汾渭平原	汾渭谷地区	5.16	5.38	35.36	0.48	46.37	11.1	11.6	76.2	1.0
河套灌区	宁蒙河段区	1.60	7.63	114.12	0.94	124.28	1.3	6.1	91.8	0.8
华南主产区	浙闽区	3.68	5.37	47.47	0.04	56.56	6.5	9.5	83.9	0.1
	粤桂丘陵区	5.72	2.96	60.12	0.21	69.00	8.3	4.3	87.1	0.3
	云贵藏高原区	5.36	4.15	43.34	0.19	53.04	10.1	7.8	81.7	0.4
甘肃新疆	甘新地区	5.05	2.97	423.70	0.93	432.64	1.2	0.7	97.9	0.2
全国粮食主产区		204.86	273.17	2420.46	27.89	2926.38	7.0	9.3	82.7	1.0

　　各粮食重点产业带中，粤桂丘陵区、鄱阳湖区、浙闽区和甘新地区的耕地实际灌溉亩均用水量最大，分别为 1070 m³、827 m³、821 m³ 和 751m³，前三者属于以水田为主且复种指数高和气温高地区，后者属于干旱区。山东半岛区、黄海平原、汾渭谷地区、黄淮平原的耕地实际灌溉亩均用水量最小，低于 280m³，均属于水浇地为主地区。全国各粮食主产区主要用水指标详见表 8-3-3。

表 8-3-3　　　　　　　　全国各粮食主产区主要用水指标

| 区域 | 重点产业带 | 综合用水指标 | | 居民生活用水指标 | | 工业万元增加值用水量/m³ | 耕地实际灌溉亩均用水量/m³ |
		人均综合用水量/m³	万元地区生产总值用水量/m³	城镇居民/(L·人⁻¹·d⁻¹)	农村居民/(L·人⁻¹·d⁻¹)		
东北平原	三江平原	2360	724	81	47	72	483
	松嫩平原	615	234	84	45	33	479
	辽河中下游区	514	113	95	45	17	418
黄淮海平原	黄海平原	357	115	79	46	27	233
	黄淮平原	370	169	94	56	47	276
	山东半岛区	201	46	78	44	13	165
长江流域	洞庭湖湖区	573	244	150	96	102	536
	江汉平原区	640	269	127	74	79	516
	鄱阳湖湖区	872	404	147	92	103	827
	长江下游地区	714	176	138	87	58	562
	四川盆地区	287	145	117	64	61	369
汾渭平原	汾渭谷地区	224	94	77	39	22	247
河套灌区	宁蒙河段区	2308	464	69	35	57	573
华南主产区	浙闽区	1030	274	151	99	58	821
	粤桂丘陵区	1020	423	164	94	53	1070
	云贵藏高原区	421	269	124	60	67	488
甘肃新疆	甘新地区	2807	1529	84	55	45	751
全国粮食主产区		582	213	105	60	45	434

四、供水量

　　2011 年，全国 17 个粮食重点产业带总供水量 2916.07 亿 m³，占全国总供水量的 47.1%。其中，地表水供水 2182.16 亿 m³，地下水供水 706.60 亿 m³，非常规水源供水 27.31 亿 m³。总供水量中，地表水占 74.8%，地下水占

24.2％，非常规水源占1.0％，地表水供水比例低于全国平均水平，地下水和非常规水源供水比例高于全国平均水平。

各粮食重点产业带中，黄海平原、三江平原、辽河中下游区、汾渭谷地区和山东半岛区的地下水供水比例较大，分别占其总供水量的48％～69％。其他重点区以地表水供水为主，地表水供水量大多占80％以上。

从粮食主产区水资源开发利用程度看，全国粮食主产区2011年供水量占当地多年平均水资源总量的38％。各重点区中，宁蒙河段区和黄海平原2011年的供水量已超过当地多年平均水资源总量，部分用水通过引提黄河水解决；甘新地区和长江下游地区2011年的供水量与当地多年平均水资源总量相当；黄淮平原、汾渭平原、三江平原和山东半岛区的供水量已占当地多年平均水资源总量的50％～70％；其他重点区的供水量占当地多年平均水资源总量的比例大多在30％以下。全国各粮食主产区供水量及供水结构详见图8-3-2和表8-3-4。

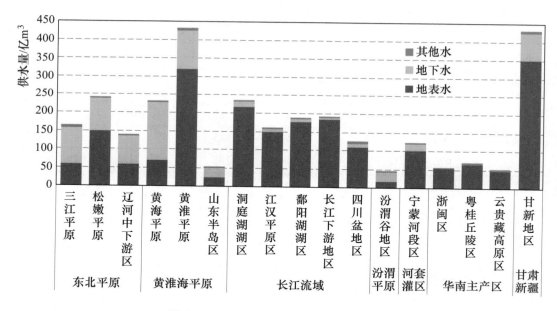

图8-3-2　全国各粮食主产区供水量

总体来看，全国粮食主产区占全国面积的比例较小，人口和地区生产总值占全国的比例也较小，但有效灌溉面积所占比例较大，用水效率明显低于全国平均水平。耕地有效灌溉面积主要集中在黄淮平原、黄海平原、松嫩平原、甘新地区和三江平原，用水量主要集中在甘新地区、黄淮平原、松嫩平原、洞庭湖湖区和黄海平原。全国粮食主产区水资源开发利用程度显著高于全国平均情况，部分区域水资源开发利用程度已相当高。

表 8 - 3 - 4　　　　　　　　　　　全国各粮食主产区供水量

区域	重点产业带	供水量/亿 m³				供水组成/%		
		地表水	地下水	非常规水源	合计	地表水	地下水	非常规水源
东北平原	三江平原	61.35	98.08	0.07	159.50	38.5	61.5	0.0
	松嫩平原	149.64	87.50	0.38	237.52	63.0	36.8	0.2
	辽河中下游区	60.18	75.36	1.34	136.88	44.0	55.1	1.0
黄淮海平原	黄海平原	69.76	157.43	2.43	229.62	30.4	68.6	1.1
	黄淮平原	318.78	104.54	4.84	428.16	74.5	24.4	1.1
	山东半岛区	25.27	25.21	1.44	51.93	48.7	48.6	2.8
长江流域	洞庭湖湖区	220.36	12.07	0.10	232.53	94.8	5.2	0.0
	江汉平原区	150.91	5.62	1.62	158.14	95.4	3.6	1.0
	鄱阳湖湖区	177.99	8.16	0.23	186.38	95.5	4.4	0.1
	长江下游地区	185.54	3.61	0.13	189.28	98.0	1.9	0.1
	四川盆地区	109.86	10.69	5.36	125.92	87.2	8.5	4.3
汾渭平原	汾渭谷地区	21.62	22.81	1.79	46.22	46.8	49.4	3.9
河套灌区	宁蒙河段区	104.57	16.42	3.07	124.06	84.3	13.2	2.5
华南主产区	浙闽区	55.56	0.55	0.02	56.13	99.0	1.0	0.0
	粤桂丘陵区	67.13	1.77	0.13	69.03	97.2	2.6	0.2
	云贵藏高原区	51.39	1.10	0.57	53.06	96.9	2.1	1.1
甘肃新疆	甘新地区	352.21	75.67	3.81	431.69	81.6	17.5	0.9
全国主要粮食主产区		2182.16	706.60	27.31	2916.07	74.8	24.2	0.9

附录 A 附 表

全 国 水 资 源 分 区 表

一、松花江区

水资源分区名称			所涉及行政区	
一级区	二级区	三级区	省 级	地 级
	8	18		
松花江	额尔古纳河	呼伦湖水系	内蒙古自治区	呼伦贝尔市、兴安盟、锡林郭勒盟
		海拉尔河	内蒙古自治区	呼伦贝尔市
		额尔古纳河干流	内蒙古自治区	呼伦贝尔市
	嫩江	尼尔基以上	内蒙古自治区	呼伦贝尔市
			黑龙江省	齐齐哈尔市、黑河市、大兴安岭地区
		尼尔基至江桥	内蒙古自治区	呼伦贝尔市、兴安盟
			黑龙江省	齐齐哈尔市、黑河市、绥化市
		江桥以下	内蒙古自治区	通辽市、兴安盟、锡林郭勒盟
			吉林省	松原市、白城市
			黑龙江省	哈尔滨市、齐齐哈尔市、大庆市、黑河市、绥化市
	第二松花江	丰满以上	辽宁省	抚顺市
			吉林省	吉林市、辽源市、通化市、白山市、延边朝鲜族自治州
		丰满以下	吉林省	长春市、吉林市、四平市、辽源市、松原市

水资源分区名称			所涉及行政区	
一级区	二级区	三级区	省　级	地　级
松花江	松花江（三岔河口以下）	三岔河口至哈尔滨	吉林省	长春市、吉林市、松原市
			黑龙江省	哈尔滨市、大庆市、绥化市
		哈尔滨至通河	黑龙江省	哈尔滨市、齐齐哈尔市、伊春市、黑河市、绥化市
		牡丹江	吉林省	吉林市、延边朝鲜族自治州
			黑龙江省	哈尔滨市、七台河市、牡丹江市
		通河至佳木斯干流区间	黑龙江省	哈尔滨市、伊春市、佳木斯市、七台河市
		佳木斯以下	黑龙江省	鹤岗市、双鸭山市、佳木斯市
	黑龙江干流	黑龙江干流	黑龙江省	鹤岗市、伊春市、佳木斯市、黑河市、大兴安岭地区
	乌苏里江	穆棱河口以上	黑龙江省	鸡西市、牡丹江市
		穆棱河口以下	黑龙江省	鸡西市、双鸭山市、佳木斯市、七台河市
	绥芬河	绥芬河	吉林省	延边朝鲜族自治州
			黑龙江省	牡丹江市
	图们江	图们江	吉林省	延边朝鲜族自治州

注　1. 松花江区包括松花江流域及额尔古纳河、黑龙江干流、乌苏里江、图们江、绥芬河等国境内部分。

　　2. 分区名称中出现"以上"或"以下"，统一定义"以上"为包含，"以下"为不包含。如"尼尔基以上"为包含尼尔基。

　　3. 三级区"尼尔基至江桥"，含诺敏河、雅鲁河、绰尔河、讷谟尔河等诸小河。

　　4. 三级区"江桥以下"含乌裕尔河、双阳河、洮儿河、霍林河等诸小河。

二、辽河区

水资源分区名称			所涉及行政区	
一级区	二级区	三级区	省　级	地　级
	6	12		
辽河	西辽河	西拉木伦河及老哈河	河北省	承德市
			内蒙古自治区	赤峰市、通辽市、锡林郭勒盟
			辽宁省	朝阳市
		乌力吉木仁河	内蒙古自治区	赤峰市、通辽市、兴安盟、锡林郭勒盟
			吉林省	白城市
		西辽河下游区间（苏家堡以下）	内蒙古自治区	赤峰市、通辽市
			吉林省	四平市、松原市
	东辽河	东辽河	内蒙古自治区	通辽市
			辽宁省	铁岭市
			吉林省	四平市、辽源市
	辽河干流	柳河口以上	内蒙古自治区	通辽市
			辽宁省	沈阳市、抚顺市、阜新市、铁岭市
			吉林省	四平市
		柳河口以下	辽宁省	沈阳市、鞍山市、锦州市、阜新市、盘锦市
	浑太河	浑河	辽宁省	沈阳市、鞍山市、抚顺市、辽阳市、铁岭市
		太子河及大辽河干流	辽宁省	沈阳市、鞍山市、抚顺市、本溪市、丹东市、营口市、辽阳市、盘锦市

续表

水资源分区名称			所涉及行政区	
一级区	二级区	三级区	省级	地级
辽河	鸭绿江	浑江口以上	辽宁省	抚顺市、本溪市、丹东市
			吉林省	通化市、白山市
		浑江口以下	辽宁省	本溪市、丹东市
	东北沿黄渤海诸河	沿黄渤海东部诸河	辽宁省	大连市、鞍山市、丹东市、营口市
		沿渤海西部诸河	河北省	承德市
			内蒙古自治区	赤峰市、通辽市
			辽宁省	锦州市、阜新市、盘锦市、朝阳市、葫芦岛市

注 1. 辽河区包括辽河流域、辽宁沿海诸河区以及鸭绿江流域国境内部分。
   2. 三级区"柳河口以下"含柳河及绕阳河。

三、海河区

水资源分区名称			所涉及行政区	
一级区	二级区	三级区	省级	地级
	4	15		
海河	滦河及冀东沿海	滦河山区	河北省	唐山市、秦皇岛市、张家口市、承德市
			内蒙古自治区	锡林郭勒盟、赤峰市
			辽宁省	朝阳市、葫芦岛市
		滦河平原及冀东沿海诸河	河北省	唐山市、秦皇岛市
	海河北系	北三河山区（蓟运河、潮白河、北运河）	北京市	
			天津市	
			河北省	唐山市、张家口市、承德市

水资源分区名称			所涉及行政区	
一级区	二级区	三级区	省　级	地　级
海河	海河北系	永定河册田水库以上	山西省	大同市、朔州市、忻州市
			内蒙古自治区	乌兰察布市
		永定河册田水库至三家店区间	北京市	
			河北省	张家口市
			山西省	大同市
			内蒙古自治区	乌兰察布市
		北四河下游平原	北京市	
			天津市	
			河北省	唐山市、廊坊市
	海河南系	大清河山区	北京市	
			河北省	石家庄市、保定市、张家口市
			山西省	大同市、忻州市
		大清河淀西平原	北京市	
			河北省	石家庄市、保定市
		大清河淀东平原	天津市	
			河北省	保定市、沧州市、廊坊市、衡水市
		子牙河山区	河北省	石家庄市、邯郸市、邢台市
			山西省	太原市、大同市、阳泉市、朔州市、晋中市、忻州市
		子牙河平原	河北省	石家庄市、邯郸市、邢台市、沧州市、衡水市
		漳卫河山区	河北省	邯郸市
			山西省	长治市、晋城市、晋中市
			河南省	安阳市、鹤壁市、新乡市、焦作市
		漳卫河平原	河北省	邯郸市
			河南省	安阳市、鹤壁市、新乡市、焦作市、濮阳市
		黑龙港及运东平原	河北省	邯郸市、邢台市、沧州市、衡水市

水资源分区名称			所涉及行政区	
一级区	二级区	三级区	省级	地级
海河	徒骇马颊河	徒骇马颊河	河北省	邯郸市
			山东省	济南市、东营市、德州市、聊城市、滨州市
			河南省	安阳市、濮阳市

四、黄河区

水资源分区名称			所涉及行政区	
一级区	二级区	三级区	省级	地级
	8	29		
黄河	龙羊峡以上	河源至玛曲	四川省	阿坝藏族羌族自治州
			甘肃省	甘南藏族自治州
			青海省	果洛藏族自治州、玉树藏族自治州
		玛曲至龙羊峡	甘肃省	甘南藏族自治州
			青海省	黄南藏族自治州、海南藏族自治州、果洛藏族自治州
	龙羊峡至兰州	大通河享堂以上	甘肃省	兰州市、武威市
			青海省	海东地区、海北藏族自治州、海西蒙古族藏族自治州
		湟水	甘肃省	兰州市、临夏回族自治州
			青海省	西宁市、海东地区、海北藏族自治州
		大夏河与洮河	甘肃省	定西市、临夏回族自治州、甘南藏族自治州
			青海省	黄南藏族自治州
		龙羊峡至兰州干流区间	甘肃省	兰州市、武威市、临夏回族自治州
			青海省	西宁市、海东地区、黄南藏族自治州、海南藏族自治州

水资源分区名称			所涉及行政区	
一级区	二级区	三级区	省　级	地　级
黄河	兰州至河口镇	兰州至下河沿	甘肃省	兰州市、白银市、武威市、定西市
			宁夏回族自治区	固原市、中卫
		清水河与苦水河	甘肃省	庆阳市
			宁夏回族自治区	吴忠市、固原市、中卫
		下河沿至石嘴山	内蒙古自治区	鄂尔多斯市、阿拉善盟
			宁夏回族自治区	银川市、石嘴山市、吴忠市、中卫
		石嘴山至河口镇北岸	内蒙古自治区	呼和浩特市、包头市、乌兰察布市、巴彦淖尔市、阿拉善盟
		石嘴山至河口镇南岸	内蒙古自治区	乌海市、鄂尔多斯市
	河口镇至龙门	河口镇至龙门左岸	山西省	大同市、朔州市、运城市、忻州市、临汾市、吕梁市
			内蒙古自治区	呼和浩特市、乌兰察布市
		吴堡以上右岸	内蒙古自治区	鄂尔多斯市
			陕西省	榆林市
		吴堡以下右岸	内蒙古自治区	鄂尔多斯市
			陕西省	渭南市、延安市、榆林市
	龙门至三门峡	汾河	山西省	太原市、阳泉市、长治市、晋城市、晋中市、运城市、忻州市、临汾市、吕梁市
		北洛河洑头以上	陕西省	铜川市、渭南市、延安市、榆林市
			甘肃省	庆阳市

水资源分区名称			所涉及行政区	
一级区	二级区	三级区	省 级	地 级
黄河	龙门至三门峡	泾河张家山以上	陕西省	宝鸡市、咸阳市、榆林市
			甘肃省	平凉市、庆阳市
			宁夏回族自治区	吴忠市、固原市
		渭河宝鸡峡以上	陕西省	宝鸡市
			甘肃省	白银市、天水市、定西市、平凉市
			宁夏回族自治区	固原市
		渭河宝鸡峡至咸阳	陕西省	西安市、宝鸡市、咸阳市、杨凌市
		渭河咸阳至潼关	陕西省	西安市、铜川市、咸阳市、渭南市、商洛市
		龙门至三门峡干流区间	山西省	运城市
			河南省	三门峡市
			陕西省	渭南市、延安市
	三门峡至花园口	三门峡至小浪底区间	山西省	晋城市、运城市、临汾市
			河南省	洛阳市、三门峡市、济源市
		沁丹河	山西省	长治市、晋城市、晋中市、临汾市
			河南省	焦作市、济源市
		伊洛河	河南省	郑州市、洛阳市、三门峡市
			陕西省	西安市、渭南市、商洛市
		小浪底至花园口干流区间	河南省	郑州市、洛阳市、新乡市、焦作市、济源市

续表

水资源分区名称			所涉及行政区	
一级区	二级区	三级区	省　级	地　级
黄河	花园口以下	金堤河和天然文岩渠	河南省	安阳市、新乡市、濮阳市
		大汶河	山东省	济南市、淄博市、济宁市、泰安市、莱芜市
		花园口以下干流区间	山东省	济南市、淄博市、东营市、济宁市、泰安市、德州市、聊城市、滨州市、菏泽市
			河南省	郑州市、开封市、新乡市、濮阳市
	内流区	内流区	内蒙古自治区	鄂尔多斯市
			陕西省	榆林市
			宁夏回族自治区	吴忠市

五、淮河区

水资源分区名称			所涉及行政区	
一级区	二级区	三级区	省　级	地　级
	5	14		
淮河	淮河上游（王家坝以上）	王家坝以上北岸	安徽省	阜阳市
			河南省	平顶山市、漯河市、信阳市、驻马店市
		王家坝以上南岸	河南省	南阳市、信阳市
			湖北省	孝感市、随州市

水资源分区名称			所涉及行政区	
一级区	二级区	三级区	省　级	地　级
淮河	淮河中游（王家坝至洪泽湖出口）	王蚌区间北岸	安徽省	蚌埠市、淮南市、阜阳市、亳州市
			河南省	郑州市、开封市、洛阳市、平顶山市、许昌市、漯河市、南阳市、商丘市、周口市、驻马店市
		王蚌区间南岸	安徽省	合肥市、蚌埠市、淮南市、安庆市、滁州市、六安市
			河南省	信阳市
		蚌洪区间北岸	江苏省	徐州市、淮安市、宿迁市
			安徽省	蚌埠市、淮北市、宿州市、亳州市
			河南省	商丘市
		蚌洪区间南岸	江苏省	淮安市
			安徽省	合肥市、蚌埠市、滁州市
	淮河下游（洪泽湖出口以下）	高天区	江苏省	南京市、淮安市、扬州市、镇江市
			安徽省	滁州市
		里下河区	江苏省	南通市、淮安市、盐城市、扬州市、泰州市
	沂沭泗河	南四湖区	江苏省	徐州市
			安徽省	宿州市
			山东省	济宁市、菏泽市、枣庄市、泰安市
			河南省	开封市、商丘市
		中运河区	江苏省	徐州市、宿迁市
			山东省	枣庄市、临沂市

续表

水资源分区名称			所涉及行政区	
一级区	二级区	三级区	省级	地级
淮河	沂沭泗河	沂沭河区	江苏省	徐州市、连云港市、淮安市、盐城市、宿迁市
			山东省	淄博市、日照市、临沂市
		日赣区	江苏省	连云港市
			山东省	日照市、临沂市
	山东半岛沿海诸河	小清河	山东省	济南市、淄博市、东营市、潍坊市、滨州市
		胶东诸河	山东省	青岛市、烟台市、潍坊市、威海市、日照市、临沂市

注　淮河区包括淮河流域及山东半岛沿海诸河区。

六、长江区

水资源分区名称			所涉及行政区	
一级区	二级区	三级区	省级	地级
	12	45		
长江	金沙江石鼓以上	通天河	青海省	玉树藏族自治州、海西蒙古族藏族自治州
		直门达至石鼓	四川省	甘孜藏族自治州
			云南省	丽江市、迪庆藏族自治州
			西藏自治区	昌都地区
			青海省	玉树藏族自治州
	金沙江石鼓以下	雅砻江	四川省	攀枝花市、甘孜藏族自治州、凉山彝族自治州
			云南省	丽江市
			青海省	果洛藏族自治州、玉树藏族自治州

续表

水资源分区名称			所涉及行政区	
一级区	二级区	三级区	省 级	地 级
长江	金沙江石鼓以下	石鼓以下干流	四川省	攀枝花市、乐山市、宜宾市、甘孜藏族自治州、凉山彝族自治州
			贵州省	毕节市
			云南省	昆明市、曲靖市、昭通市、丽江市、楚雄彝族自治州、大理白族自治州、迪庆藏族自治州
	岷沱江	大渡河	四川省	乐山市、雅安市、阿坝藏族羌族自治州、甘孜藏族自治州、凉山彝族自治州
			青海省	果洛藏族自治州
		青衣江和岷江干流	四川省	成都市、自贡市、内江市、乐山市、眉山市、宜宾市、雅安市、阿坝藏族羌族自治州、凉山彝族自治州
		沱江	重庆市	
			四川省	成都市、自贡市、泸州市、德阳市、绵阳市、内江市、乐山市、眉山市、宜宾市、资阳市
	嘉陵江	广元昭化以上	四川省	绵阳市、广元市、阿坝藏族羌族自治州
			陕西省	宝鸡市、汉中市
			甘肃省	天水市、定西市、陇南市、甘南藏族自治州
		涪江	重庆市	
			四川省	德阳市、绵阳市、广元市、遂宁市、南充市、资阳市、阿坝藏族羌族自治州

水资源分区名称			所涉及行政区	
一级区	二级区	三级区	省　级	地　级
长江	嘉陵江	渠江	重庆市	
			四川省	广元市、南充市、广安市、达州市、巴中市
			陕西省	汉中市
		广元昭化以下干流	重庆市	
			四川省	绵阳市、广元市、遂宁市、南充市、广安市、巴中市
			陕西省	汉中市
	乌江	思南以上	贵州省	贵阳市、六盘水市、遵义市、安顺市、铜仁市、毕节市、黔东南苗族侗族自治州、黔南布依族苗族自治州
			云南省	昭通市
		思南以下	湖北省	恩施土家族苗族自治州
			重庆市	
			贵州省	遵义市、铜仁市
	宜宾至宜昌	赤水河	四川省	泸州市
			贵州省	遵义市、毕节市
			云南省	昭通市
		宜宾至宜昌干流	湖北省	宜昌市、恩施土家族苗族自治州、神农架林区
			重庆市	
			四川省	泸州市、宜宾市、广安市、达州市
			贵州省	遵义市
			云南省	昭通市

水资源分区名称			所涉及行政区	
一级区	二级区	三级区	省 级	地 级
长江	洞庭湖水系	澧水	湖北省	宜昌市、恩施土家族苗族自治州
			湖南省	常德市、张家界市、湘西土家族苗族自治州
		沅江浦市镇以上	湖南省	邵阳市、怀化市、湘西土家族苗族自治州
			贵州省	铜仁市、黔东南苗族侗族自治州、黔南布依族苗族自治州
		沅江浦市镇以下	湖北省	恩施土家族苗族自治州
			湖南省	常德市、张家界市、怀化市、湘西土家族苗族自治州
			重庆市	
			贵州省	铜仁市
		资水冷水江以上	湖南省	邵阳市、永州市、怀化市、娄底市
			广西壮族自治区	桂林市
		资水冷水江以下	湖南省	邵阳市、常德市、益阳市、怀化市、娄底市
		湘江衡阳以上	湖南省	衡阳市、邵阳市、郴州市、永州市、娄底市
			广东省	清远市
			广西壮族自治区	桂林市
		湘江衡阳以下	江西省	萍乡市、宜春市
			湖南省	长沙市、株洲市、湘潭市、衡阳市、邵阳市、岳阳市、益阳市、郴州市、娄底市
		洞庭湖环湖区	江西省	九江市
			湖北省	宜昌市、荆州市
			湖南省	长沙市、岳阳市、常德市、益阳市

水资源分区名称			所涉及行政区	
一级区	二级区	三级区	省 级	地 级
长江	汉江	丹江口以上	河南省	洛阳市、三门峡市、南阳市
			湖北省	十堰市、神农架林区
			重庆市	
			四川省	达州市
			陕西省	西安市、宝鸡市、汉中市、安康市、商洛市
			甘肃省	陇南市
		唐白河	河南省	洛阳市、南阳市、驻马店市
			湖北省	襄阳市、随州市
		丹江口以下干流	河南省	南阳市
			湖北省	武汉市、十堰市、襄阳市、荆门市、孝感市、仙桃市、潜江市、天门市、神农架林区
	鄱阳湖水系	修水	江西省	南昌市、九江市、宜春市
		赣江栋背以上	福建省	三明市、龙岩市
			江西省	赣州市、吉安市、抚州市
			湖南省	郴州市
			广东省	韶关市
		赣江栋背至峡江	江西省	萍乡市、新余市、赣州市、吉安市、宜春市、抚州市
		赣江峡江以下	江西省	南昌市、萍乡市、新余市、吉安市、宜春市
		抚河	福建省	南平市
			江西省	南昌市、宜春市、抚州市
		信江	浙江省	衢州市
			福建省	南平市
			江西省	鹰潭市、抚州市、上饶市

水资源分区名称			所涉及行政区	
一级区	二级区	三级区	省　级	地　级
长江	鄱阳湖水系	饶河	浙江省	衢州市
			安徽省	黄山市
			江西省	景德镇市、上饶市
		鄱阳湖环湖区	安徽省	池州市
			江西省	南昌市、九江市、鹰潭市、宜春市、抚州市、上饶市
	宜昌至湖口	清江	湖北省	宜昌市、恩施土家族苗族自治州
		宜昌至武汉左岸	湖北省	宜昌市、襄阳市、荆门市、荆州市、潜江市
		武汉至湖口左岸	河南省	信阳市
			湖北省	武汉市、荆门市、孝感市、黄冈市、随州市
		城陵矶至湖口右岸	江西省	九江市
			湖北省	武汉市、黄石市、鄂州市、咸宁市
			湖南省	岳阳市
	湖口以下干流	巢滁皖及沿江诸河	江苏省	南京市、扬州市
			安徽省	合肥市、安庆市、滁州市、巢湖市、六安市
			湖北省	黄冈市
		青弋江和水阳江及沿江诸河	江苏省	南京市、镇江市
			安徽省	芜湖市、马鞍山市、铜陵市、黄山市、池州市、宣城市
			江西省	九江市
		通南及崇明岛诸河	上海市	
			江苏省	无锡市、常州市、苏州市、南通市、扬州市、镇江市、泰州市

续表

水资源分区名称			所涉及行政区	
一级区	二级区	三级区	省　级	地　级
长江	太湖水系	湖西及湖区	江苏省	南京市、无锡市、常州市、苏州市、镇江市
			浙江省	杭州市、湖州市
			安徽省	宣城市
		武阳区	上海市	
			江苏省	无锡市、常州市、苏州市
		杭嘉湖区	上海市	
			江苏省	苏州市
			浙江省	杭州市、嘉兴市、湖州市
		黄浦江区	上海市	

七、东南诸河区

水资源分区名称			所涉及行政区	
一级区	二级区	三级区	省　级	地　级
	7	11		
东南诸河	钱塘江	富春江水库以上	浙江省	杭州市、绍兴市、金华市、衢州市、丽水市
			安徽省	黄山市、宣城市
			福建省	南平市
			江西省	上饶市
		富春江水库以下	浙江省	杭州市、宁波市、绍兴市、金华市、台州市
	浙东诸河	浙东沿海诸河（含象山港及三门湾）	浙江省	宁波市、绍兴市、台州市
		舟山群岛	浙江省	舟山市

续表

水资源分区名称			所涉及行政区	
一级区	二级区	三级区	省级	地级
东南诸河	浙南诸河	瓯江温溪以上	浙江省	温州市、金华市、丽水市
		瓯江温溪以下	浙江省	温州市、绍兴市、金华市、台州市、丽水市
	闽东诸河	闽东诸河	浙江省	温州市、丽水市
			福建省	福州市、南平市、宁德市
	闽江	闽江上游（南平以上）	浙江省	丽水市
			福建省	三明市、南平市、龙岩市
		闽江中下游（南平以下）	福建省	福州市、莆田市、三明市、泉州市、南平市、宁德市
	闽南诸河	闽南诸河	福建省	福州市、厦门市、莆田市、三明市、泉州市、漳州市、龙岩市
	台澎金马诸河	台澎金马诸河	福建省	泉州市
			台湾省	

八、珠江区

水资源分区名称			所涉及行政区	
一级区	二级区	三级区	省级	地级
	10	22		
珠江	南北盘江	南盘江	广西壮族自治区	百色市
			贵州省	六盘水市、黔西南布依族苗族自治州
			云南省	昆明市、曲靖市、玉溪市、红河哈尼族彝族自治州、文山壮族苗族自治州
		北盘江	贵州省	六盘水市、安顺市、黔西南布依族苗族自治州、毕节市
			云南省	曲靖市

水资源分区名称			所涉及行政区	
一级区	二级区	三级区	省级	地级
珠江	红柳江	红水河	广西壮族自治区	南宁市、柳州市、贵港市、来宾市、百色市、河池市
			贵州省	贵阳市、安顺市、黔西南布依族苗族自治州、黔南布依族苗族自治州
		柳江	湖南省	邵阳市、怀化市
			广西壮族自治区	柳州市、桂林市、河池市、来宾市
			贵州省	黔东南苗族侗族自治州、黔南布依族苗族自治州
	郁江	右江	广西壮族自治区	南宁市、百色市、河池市、崇左市
			云南省	文山壮族苗族自治州
		左江及郁江干流	广西壮族自治区	南宁市、防城港市、钦州市、贵港市、玉林市、百色市、崇左市
	西江	桂贺江	湖南省	永州市
			广东省	肇庆市、清远市
			广西壮族自治区	桂林市、梧州市、贺州市、来宾市
		黔浔江及西江（梧州以下）	广东省	茂名市、肇庆市、云浮市
			广西壮族自治区	桂林市、梧州市、贵港市、玉林市、贺州市、来宾市

水资源分区名称			所涉及行政区	
一级区	二级区	三级区	省级	地级
珠江	北江	北江大坑口以上	江西省	赣州市
			湖南省	郴州市
			广东省	韶关市
		北江大坑口以下	广东省	广州市、韶关市、佛山市、肇庆市、河源市、清远市
			广西壮族自治区	贺州市
	东江	东江秋香江口以上	江西省	赣州市
			广东省	韶关市、梅州市、河源市
		东江秋香江口以下	广东省	深圳市、惠州市、东莞市
	珠江三角洲	东江三角洲	广东省	广州市、深圳市、惠州市、东莞市
		香港	香港特别行政区	
		西北江三角洲	广东省	广州市、珠海市、佛山市、江门市、肇庆市、阳江市、中山市、云浮市
		澳门	澳门特别行政区	
	韩江及粤东诸河	韩江白莲以上	福建省	三明市、漳州市、龙岩市
			江西省	赣州市
			广东省	梅州市、河源市
		韩江白莲以下及粤东诸河	广东省	汕头市、惠州市、梅州市、汕尾市、潮州市、揭阳市
	粤西桂南沿海诸河	粤西诸河	广东省	江门市、湛江市、茂名市、阳江市、云浮市
			广西壮族自治区	玉林市
		桂南诸河	广西壮族自治区	南宁市、北海市、防城港市、钦州市、玉林市
	海南岛及南海各岛诸河	海南岛	海南省	海口市、三亚市、海南省直辖行政单位
		南海各岛诸河	海南省	三沙市

注 珠江区包括珠江流域、华南沿海诸河区、海南岛及南海各岛诸河区。

九、西南诸河区

水资源分区名称			所涉及行政区	
一级区	二级区	三级区	省 级	地 级
	6	14		
西南诸河	红河	李仙江	云南省	玉溪市、楚雄彝族自治州、红河哈尼族彝族自治州、普洱市、大理白族自治州
		元江	云南省	昆明市、玉溪市、楚雄彝族自治州、红河哈尼族彝族自治州、文山壮族苗族自治州、大理白族自治州
		盘龙江	广西壮族自治区	百色市
			云南省	红河哈尼族彝族自治州、文山壮族苗族自治州
	澜沧江	沘江口以上	云南省	大理白族自治州、怒江傈僳族自治州、迪庆藏族自治州
			西藏自治区	昌都地区、那曲地区
			青海省	玉树藏族自治州
		沘江口以下	云南省	保山市、丽江市、普洱市、西双版纳傣族自治州、大理白族自治州、临沧市
	怒江及伊洛瓦底江	怒江勐古以上	云南省	保山市、大理白族自治州、怒江傈僳族自治州
			西藏自治区	昌都地区、那曲地区、林芝地区
		怒江勐古以下	云南省	保山市、普洱市、德宏傣族景颇族自治州、临沧市
		伊洛瓦底江	云南省	保山市、德宏傣族景颇族自治州、怒江傈僳族自治州
			西藏自治区	林芝地区

续表

水资源分区名称			所涉及行政区	
一级区	二级区	三级区	省级	地级
西南诸河	雅鲁藏布江	拉孜以上	西藏自治区	日喀则地区、阿里地区
		拉孜至派乡	西藏自治区	拉萨市、山南地区、日喀则地区、那曲地区、林芝地区
		派乡以下	西藏自治区	昌都地区、那曲地区、林芝地区
	藏南诸河	藏南诸河	西藏自治区	昌都地区、山南地区、日喀则地区、阿里地区、林芝地区
	藏西诸河	奇普恰普河	西藏自治区	阿里地区
			新疆维吾尔自治区	和田地区
		藏西诸河	西藏自治区	阿里地区

十、西北诸河区

水资源分区名称			所涉及行政区	
一级区	二级区	三级区	省级	地级
西北诸河	14	33		
	内蒙古内陆河	内蒙古高原东部	河北省	张家口市
			内蒙古自治区	赤峰市、锡林郭勒盟
		内蒙古高原西部	内蒙古自治区	呼和浩特市、包头市、乌兰察布市、巴彦淖尔市
	河西内陆河	石羊河	甘肃省	金昌市、白银市、武威市、张掖市
			青海省	海北藏族自治州
			宁夏回族自治区	吴忠市

水资源分区名称			所涉及行政区	
一级区	二级区	三级区	省　级	地　级
西北诸河	河西内陆河	黑河	内蒙古自治区	阿拉善盟
			甘肃省	嘉峪关市、张掖市、酒泉市
			青海省	海北藏族自治州
		疏勒河	甘肃省	张掖市、酒泉市
			青海省	海西蒙古族藏族自治州
		河西荒漠区	内蒙古自治区	阿拉善盟
	青海湖水系	青海湖水系	青海省	海北藏族自治州、海南藏族自治州、海西蒙古族藏族自治州
	柴达木盆地	柴达木盆地东部	青海省	果洛藏族自治州、海西蒙古族藏族自治州
		柴达木盆地西部	青海省	玉树藏族自治州、海西蒙古族藏族自治州
			新疆维吾尔自治区	巴音郭楞蒙古自治州
	吐哈盆地小河	巴伊盆地	新疆维吾尔自治区	哈密地区
		哈密盆地	新疆维吾尔自治区	哈密地区
		吐鲁番盆地	新疆维吾尔自治区	乌鲁木齐市、吐鲁番地区、哈密地区、巴音郭楞蒙古自治州
	阿尔泰山南麓诸河	额尔齐斯河	新疆维吾尔自治区	阿勒泰地区
		乌伦古河	新疆维吾尔自治区	阿勒泰地区
		吉木乃诸小河	新疆维吾尔自治区	阿勒泰地区

水资源分区名称			所涉及行政区	
一级区	二级区	三级区	省 级	地 级
西北诸河	中亚西亚内陆河区	额敏河	新疆维吾尔自治区	塔城地区
		伊犁河	新疆维吾尔自治区	巴音郭楞蒙古自治州、伊犁哈萨克自治州
	古尔班通古特荒漠区	古尔班通古特荒漠区	新疆维吾尔自治区	昌吉回族自治州、塔城地区、阿勒泰地区
	天山北麓诸河	东段诸河	新疆维吾尔自治区	昌吉回族自治州
		中段诸河	新疆维吾尔自治区	乌鲁木齐市、克拉玛依市、吐鲁番地区、昌吉回族自治州、巴音郭楞蒙古自治州、塔城地区、石河子市
		艾比湖水系	新疆维吾尔自治区	克拉玛依市、博尔塔拉蒙古自治州、伊犁哈萨克自治州、塔城地区
	塔里木河源	和田河	新疆维吾尔自治区	阿克苏地区、和田地区
		叶尔羌河	新疆维吾尔自治区	阿克苏地区、克孜勒苏柯尔克孜自治州、喀什地区、和田地区
		喀什噶尔河	新疆维吾尔自治区	克孜勒苏柯尔克孜自治州、喀什地区
		阿克苏河	新疆维吾尔自治区	阿克苏地区、克孜勒苏柯尔克孜自治州
		渭干河	新疆维吾尔自治区	阿克苏地区、伊犁哈萨克自治州
		开孔河	新疆维吾尔自治区	巴音郭楞蒙古自治州、阿克苏地区

水资源分区名称			所涉及行政区	
一级区	二级区	三级区	省级	地级
西北诸河	昆仑山北麓小河	克里亚河诸小河	新疆维吾尔自治区	巴音郭楞蒙古自治州、和田地区
		车尔臣河诸小河	新疆维吾尔自治区	巴音郭楞蒙古自治州
	塔里木河干流	塔里木河干流	新疆维吾尔自治区	巴音郭楞蒙古自治州、阿克苏地区
	塔里木盆地荒漠区	塔克拉玛干沙漠	新疆维吾尔自治区	巴音郭楞蒙古自治州、阿克苏地区、喀什地区、和田地区
		库木塔格沙漠	新疆维吾尔自治区	吐鲁番地区、哈密地区、巴音郭楞蒙古自治州
	羌塘高原内陆区	羌塘高原区	西藏自治区	拉萨市、日喀则地区、那曲地区、阿里地区
			青海省	玉树藏族自治州、海西蒙古族藏族自治州
			新疆维吾尔自治区	巴音郭楞蒙古自治州、和田地区

注 西北诸河区包括塔里木河等西北内陆河及额尔齐斯河、伊犁河等国境内部分。

附表 A2 **全国重要经济区名录表**

序号	经济区名称	重点区域	所涉及的行政区		
			省级行政区	重点地区	县级行政区数量/个
1	环渤海地区	京津冀地区	北京	城区、卫星城镇及工业园区	16
			天津	城区、卫星城镇及工业园区	16
			河北	唐山市、秦皇岛市、沧州市、廊坊市、张家口市、承德市	72
2		辽中南地区	辽宁	沈阳市、鞍山市、辽阳市、抚顺市、本溪市、铁岭市、营口市、大连市、盘锦市、锦州市、葫芦岛市、丹东市	84
3		山东半岛地区	山东	青岛市、烟台市、威海市、潍坊市、淄博市、东营市、滨州市	60

序号	经济区名称	重点区域	所涉及的行政区		
			省级行政区	重点地区	县级行政区数量/个
4	长江三角洲地区	长江三角洲地区	上海	城区、卫星城镇及工业园区	18
			江苏	南京市、镇江市、扬州市、南通市、泰州市、苏州市、无锡市、常州市	65
			浙江	杭州市、湖州市、嘉兴市、宁波市、绍兴市、舟山市、台州市	54
5	珠江三角洲地区	珠江三角洲地区	广东	广州市、深圳市、珠海市、佛山市、肇庆市、东莞市、惠州市、中山市、江门市	47
6	冀中南地区	冀中南地区	河北	石家庄市、保定市、邯郸市、邢台市、衡水市	95
7	太原城市群	太原城市群	山西	忻州市、阳泉市、长治市、太原市、汾阳市、晋中市	50
8	呼包鄂榆地区	呼包鄂榆地区	内蒙古	呼和浩特市、包头市、鄂尔多斯市、乌海市	29
			陕西	榆林市	12
9	哈长地区	哈大齐工业走廊与牡绥地区	黑龙江	哈尔滨市、大庆市、齐齐哈尔市、牡丹江市	52
10		长吉图经济区	吉林	长春市、吉林市、延吉市、松原市、图们市、龙井市	26
11	东陇海地区	东陇海地区	山东	日照市	4
			江苏	连云港市、徐州市	15
12	江淮地区	江淮地区	安徽	滁州市、合肥市、安庆市、池州市、铜陵市、芜湖市、马鞍山市、宣城市	56
13	海峡西岸经济区	海峡西岸经济区	福建	福州市、厦门市、泉州市、莆田市、漳州市、宁德市、南平市、三明市、龙岩市	84
			浙江	温州市、丽水市、衢州市	26
			广东	汕头市、揭阳市、潮州市、汕尾市、梅州市	26
			江西	赣州市	18
14	中原经济区	中原经济区	河南	安阳市、鹤壁市、新乡市、焦作市、濮阳市、郑州市、开封市、平顶山市、许昌市、漯河市、商丘市、信阳市、周口市、驻马店市、洛阳市、三门峡市、济源市、南阳市	157
			山西	晋城市、运城市	19
			安徽	蚌埠市、淮南市、淮北市、阜阳市、宿州市、亳州市	30
			山东	泰安市、聊城市、菏泽市	18

续表

序号	经济区名称	重点区域	所涉及的行政区		
			省级行政区	重点地区	县级行政区数量/个
15	长江中游地区	武汉城市圈	湖北	武汉市、黄石市、黄冈市、鄂州市、孝感市、咸宁市、仙桃市、潜江市、天门市	47
16		环长株潭城市群	湖南	长沙市、株洲市、湘潭市、岳阳市、益阳市、衡阳市、常德市、娄底市	64
17		鄱阳湖生态经济区	江西	南昌市、九江市、景德镇市、鹰潭市、新余市、抚州市、宜春市、上饶市、吉安市	76
18	北部湾地区	北部湾地区	广西	南宁市、北海市、钦州市、防城港市	24
			广东	湛江市	9
			海南	海口市、三亚市、琼海市、文昌市、万宁市、东方市、儋州市、三沙市	21
19	成渝地区	重庆经济区	重庆	19个市辖区及潼南、铜梁、大足、荣昌、璧山、梁平、丰都、垫江、忠县、开县、云阳、石柱等12个县	31
20		成都经济区	四川	成都市、德阳市、绵阳市、乐山市、雅安市、眉山市、资阳市、遂宁市、自贡市、泸州市、内江市、南充市、宜宾市、达州市、广安市	115
21	黔中地区	黔中地区	贵州	贵阳市、遵义市、安顺市和都匀市、凯里市等2个县级市	39
22	滇中地区	滇中地区	云南	昆明市、曲靖市、楚雄市、玉溪市	42
23	藏中南地区	藏中南地区	西藏	拉萨市、日喀则市和那曲县及泽当、八一镇	12
24	关中-天水地区	关中-天水地区	陕西	西安市、咸阳市、宝鸡市、铜川市、渭南市、商洛市	59
			甘肃	天水市	7
25	兰州-西宁地区	兰州-西宁地区	甘肃	兰州市、白银市	12
			青海	西宁市和互助、乐都、平安等3县城镇、格尔木市	10
26	宁夏沿黄经济区	宁夏沿黄经济区	宁夏	银川市、吴忠市、石嘴山市、中卫市	13
27	天山北坡地区	天山北坡地区	新疆	乌鲁木齐市、昌吉市、阜康市、石河子市、五家渠市、克拉玛依市、博乐市、乌苏市、奎屯市、伊宁市及伊宁县、精河县、察布查尔、霍城、沙湾5县和霍尔果斯口岸	24

附表 A3　　　　　　　　　　全国重点能源基地名录表

序号	片区名称	重点能源基地	产品类型	涉及省级行政区名称	涉及县级行政区数量/个
1	山西	晋北煤炭基地	煤炭开采	山西	19
2		晋东煤炭基地	煤炭开采	山西	27
3		晋中煤炭基地（含晋西）	煤炭开采	山西	29
4	鄂尔多斯盆地	陕北能源化工基地	煤炭开采、煤电开发、煤化工开发、石油开采、天然气开采	陕西	24
5		黄陇煤炭基地	煤炭开采	陕西	10
6		神东煤炭基地	煤炭开采	内蒙古	12
7		鄂尔多斯市能源与重化工产业基地	煤炭开采、煤电和煤化工	内蒙古	8
8		宁东煤炭基地	煤炭开采	宁夏	6
9		陇东能源化工基地	煤炭开采、石油开采、煤电和煤化工	甘肃	12
10	东北地区	大庆油田	石油开采	黑龙江	9
11		蒙东（东北）煤炭基地	煤炭开采	内蒙古、辽宁、黑龙江	49
12	西南地区	云贵煤炭基地	煤炭开采	四川、贵州、云南	27
13	新疆	准东煤炭、石油基地	煤炭开采、石油开采	新疆	6
14		伊犁煤炭基地	煤炭开采	新疆	5
15		吐哈煤炭、石油基地	煤炭开采、石油开采	新疆	5
16		克拉玛依—和丰石油、煤炭基地	煤炭开采、石油开采	新疆	7
17		库拜煤炭基地	煤炭开采	新疆	2

附表 A4　　　　　　　　全国粮食主产区名录表

序号	区域名称	重点产业带名称	所涉及的行政区		县级行政区数量/个
			省级行政区	地级行政区	
1	东北平原	三江平原	黑龙江	鸡西市、鹤岗市、双鸭山市、伊春市、佳木斯市、七台河市、牡丹江市	23
2		松嫩平原	内蒙古	呼伦贝尔市、兴安盟	8
			吉林	长春市、吉林市、四平市、辽源市、通化市、松原市、白城市、延边朝鲜族自治州	32
			黑龙江	哈尔滨市、齐齐哈尔市、大庆市、黑河市、绥化市	41
3		辽河中下游区	内蒙古	赤峰市、通辽市	14
			辽宁	沈阳市、大连市、鞍山市、抚顺市、丹东市、锦州市、营口市、阜新市、辽阳市、盘锦市、铁岭市、朝阳市、葫芦岛市	37
4	黄淮海平原	黄海平原	河北	石家庄市、唐山市、秦皇岛市、邯郸市、邢台市、保定市、承德市、沧州市、廊坊市、衡水市	79
			山东	德州市、聊城市、滨州市	22
			河南	安阳市、鹤壁市、新乡市、焦作市、濮阳市	25
5		黄淮平原	江苏	徐州市、连云港市、淮安市、盐城市、宿迁市	25
			安徽	蚌埠市、淮南市、淮北市、滁州市、阜阳市、宿州市、六安市、亳州市	27
			山东	济宁市、泰安市、菏泽市	20
			河南	开封市、洛阳市、平顶山市、许昌市、漯河市、南阳市、商丘市、信阳市、周口市、驻马店市	66
6		山东半岛区	山东	济南市、青岛市、淄博市、枣庄市、东营市、烟台市、潍坊市、威海市、日照市、临沂市	32
7	长江流域	洞庭湖湖区	湖南	长沙市、株洲市、湘潭市、衡阳市、邵阳市、岳阳市、常德市、张家界市、益阳市、郴州市、永州市、怀化市、娄底市	56
8		江汉平原区	湖北	武汉市、宜昌市、襄樊市、荆门市、孝感市、荆州市、黄冈市、咸宁市、随州市、恩施土家族苗族自治州、省直辖县	36

序号	区域名称	重点产业带名称	所涉及的行政区		县级行政区数量/个
			省级行政区	地级行政区	
9	长江流域	鄱阳湖湖区	江西	南昌市、景德镇市、九江市、新余市、鹰潭市、赣州市、吉安市、宜春市、抚州市、上饶市	42
10		长江下游地区	江苏	南京市、常州市、南通市、扬州市、镇江市、泰州市	18
			浙江	嘉兴市	3
			安徽	合肥市、芜湖市、马鞍山市、安庆市、六安市、宣城市	16
11		四川盆地区	重庆		11
			四川	成都市、自贡市、泸州市、德阳市、绵阳市、广元市、遂宁市、内江市、乐山市、南充市、眉山市、宜宾市、广安市、达州市、巴中市、资阳市、凉山彝族自治州	52
12	汾渭平原	汾渭谷地区	山西	长治市、晋城市、朔州市、晋中市、运城市、忻州市、临汾市	25
			陕西	西安市、铜川市、宝鸡市、咸阳市、渭南市、延安市、榆林市	24
			甘肃	平凉市、庆阳市	8
			宁夏	固原市	2
13	河套灌区	宁蒙河段区	内蒙古	呼和浩特市、包头市、鄂尔多斯市、巴彦淖尔市、乌兰察布市	13
			宁夏	银川市、石嘴山市、吴忠市、中卫市	8
14	华南主产区	浙闽区	浙江	衢州市	3
			福建	三明市、南平市、龙岩市	17
15		粤桂丘陵区	广东	韶关市、云浮市	5
			广西	南宁市、柳州市、桂林市、贺州市、来宾市	15
16		云贵藏高原区	贵州	遵义市、毕节地区	11
			云南	昆明市、曲靖市、保山市、大理白族自治州、德宏傣族景颇族自治州	20
			西藏	拉萨市、山南地区、日喀则地区、林芝地区	10

续表

序号	区域名称	重点产业带名称	所涉及的行政区			县级行政区数量/个
			省级行政区	地级行政区		
17	甘肃新疆	甘新地区	甘肃	金昌市、白银市、武威市、张掖市、陇南市		11
			新疆	哈密地区、昌吉回族自治州、巴音郭楞蒙古自治州、阿克苏地区、克孜勒苏柯尔克孜自治州、喀什地区、和田地区、伊犁哈萨克自治州、塔城地区、阿勒泰地区		41
总计	7	17	26	221		898

附表 A5　　　　用水分类与国民经济行业分类对照表

用水分类			国民经济行业大类名称	国民经济行业大类代码
农业用水量	耕地		农业	01
			农、林、牧、渔服务业	05
	非耕地		林业	02
			渔业	04
	畜禽		畜牧业	03
工业用水量	火（核）电		电力、热力的生产和供应业	44
	高用水工业		食品制造业	14
			饮料制造业	15
			纺织业	17
			造纸及纸制品业	22
			石油加工、炼焦及核燃料加工业	25
			化学原料及化学制品制造业	26
			医药制造业	27
			化学纤维制造业	28
			黑色金属冶炼及压延加工业	32
			有色金属冶炼及压延加工业	33
	一般工业		煤炭开采和洗选业	6
			石油和天然气开采业	7
			黑色金属矿采选业	8
			有色金属矿采选业	9

用水分类		国民经济行业大类名称	国民经济行业大类代码
工业 用水量	一般工业	非金属矿采选业	10
		其他采矿业	11
		农副食品加工业	13
		烟草制品业	16
		纺织服装、鞋、帽制造业	18
		皮革、毛皮、羽毛（绒）及其制品业	19
		木材加工及木、竹、藤、棕、草制品业	20
		家具制造业	21
		印刷业和记录媒介的复制	23
		文教体育用品制造业	24
		橡胶制品业	29
		塑料制品业	30
		非金属矿物制品业	31
		金属制品业	34
		通用设备制造业	35
		专业设备制造业	36
		交通运输设备制造业	37
		电气机械及器材制造业	39
		通讯设备、计算机及其他电子设备制造业	40
		仪器仪表及文化、办公用机械制造业	41
		工艺品及其他制造业	42
		废弃资源和废旧材料回收加工业	43
		燃气生产和供应业	45
生活 用水量	建筑业	房屋和土木工程建筑业	47
		建筑安装业	48
		建筑装饰业	49
		其他建筑业	50
	第三产业	住宿业、餐饮业	66，67
		铁路运输业、道路运输业、……、 国际组织	51～65，68～98
	居民生活		

附表 A6

各省级行政区城镇和农村典型居民家庭生活用水调查汇总表

省级行政区	城镇居民家庭				农村居民家庭			
	调查对象数量/户	常住人口数量/人	家庭生活年用水量/万m³	人均日用水量/L	调查对象数量/个	常住人口数量/人	家庭生活年用水量/万m³	人均日用水量/L
全国	119637	386585	1294.8	91.8	179458	671174	1562.2	63.8
北京	1470	4632	13.2	78.3	455	1650	4.7	77.9
天津	748	2270	5.2	63.0	767	2640	5.2	53.5
河北	6486	20714	52.4	69.4	12028	43728	75.2	47.1
山西	4600	14536	43.8	82.6	7300	24626	38.7	43.1
内蒙古	5127	14208	30.6	59.0	5183	14992	19.4	35.5
辽宁	5386	14694	39.2	73.1	4794	15208	26.1	47.0
吉林	2940	7630	21.7	78.1	3060	9509	15.2	43.7
黑龙江	10655	28239	65.0	63.0	6127	19324	31.7	45.0
上海	861	2637	10.9	112.8	330	1559	5.3	93.9
江苏	6154	20163	75.2	102.2	4642	16489	45.9	76.2
浙江	3930	13262	54.9	113.4	5070	17816	61.8	95.0
安徽	4032	13091	49.1	102.8	6569	23276	62.2	73.2
福建	3698	14787	68.0	125.9	4802	18805	69.9	101.9
江西	3320	12003	53.5	122.2	6680	26428	86.2	89.3
山东	4880	15597	38.5	67.7	8820	28959	48.4	45.8

续表

省级行政区	城镇居民家庭				农村居民家庭			
	调查对象数量/户	常住人口数量/人	家庭生活年用水量/万 m³	人均日用水量/L	调查对象数量/个	常住人口数量/人	家庭生活年用水量/万 m³	人均日用水量/L
河南	7044	24455	63.7	71.3	10081	38820	73.3	51.7
湖北	4824	15236	54.5	98.0	6665	23782	63.6	73.2
湖南	5940	20704	90.4	119.6	7460	27457	92.0	91.8
广东	6627	25761	129.6	137.9	7422	33215	126.1	104.0
广西	3048	11569	53.9	127.7	7853	31770	104.3	90.0
海南	920	4366	23.2	145.5	1280	5852	20.0	93.9
重庆	1896	5554	24.5	120.8	2127	6986	19.0	74.4
四川	5250	17628	61.1	95.0	12950	49660	126.1	69.6
贵州	2100	7028	23.9	93.2	6800	26326	58.6	61.0
云南	3489	13195	43.3	89.9	9682	40265	98.2	66.8
西藏	946	2645	6.0	62.6	6476	32883	51.1	42.6
陕西	3640	11313	30.0	72.7	7109	24398	41.1	46.2
甘肃	2680	8244	19.4	64.4	6030	22506	26.8	32.7
青海	1425	4090	8.3	55.7	3165	13225	15.3	31.6
宁夏	860	2559	5.2	56.0	1340	5044	5.3	28.6
新疆	4661	13774	36.5	72.5	6391	23976	45.4	51.9

附表 A7

各省级行政区居民生活毛用水量汇总表

省级行政区	居民生活毛用水量/亿 m³			常住人口/万人			人均日用水量/L	
	城镇	农村	小计	城镇	农村	合计	城镇	农村
全国	297.64	176.01	473.65	69079	65656	134735	118	73
北京	6.73	1.79	8.51	1444	575	2019	128	85
天津	2.97	0.52	3.49	1091	264	1355	75	53
河北	9.11	6.85	15.96	3302	3939	7241	76	48
山西	6.34	2.99	9.32	1785	1808	3593	97	45
内蒙古	3.34	1.68	5.02	1405	1077	2482	65	43
辽宁	9.54	3.69	13.24	2807	1576	4383	93	64
吉林	5.42	2.30	7.72	1468	1281	2749	101	49
黑龙江	6.15	3.31	9.46	2166	1668	3834	78	54
上海	12.41	1.06	13.48	2096	251	2347	162	116
江苏	24.59	10.08	34.66	4889	3010	7899	138	92
浙江	17.90	8.29	26.19	3403	2060	5463	144	110
安徽	9.34	11.39	20.73	2674	3294	5968	96	95
福建	12.14	6.10	18.24	2161	1559	3720	154	107
江西	10.60	8.30	18.91	2051	2437	4488	142	93
山东	11.64	10.00	21.64	4910	4727	9637	65	58

续表

省级行政区	居民生活毛用水量/亿 m³			常住人口/万人			人均日用水量/L	
	城镇	农村	小计	城镇	农村	合计	城镇	农村
河南	10.97	10.75	21.72	3809	5579	9388	79	53
湖北	13.22	9.62	22.83	2984	2774	5758	121	95
湖南	15.33	14.30	29.63	2975	3621	6596	141	108
广东	46.92	14.74	61.67	6986	3519	10505	184	115
广西	10.96	9.27	20.23	1942	2703	4645	155	94
海南	2.46	1.93	4.39	443	434	877	152	122
重庆	9.18	3.58	12.77	1606	1313	2919	157	75
四川	15.21	12.26	27.47	3367	4683	8050	124	72
贵州	5.26	4.44	9.71	1213	2256	3469	119	54
云南	6.65	7.00	13.65	1704	2927	4631	107	66
西藏	0.38	0.36	0.74	69	234	303	150	42
陕西	5.46	3.67	9.13	1770	1973	3743	85	51
甘肃	2.46	2.23	4.68	953	1611	2564	71	38
青海	0.71	0.41	1.12	263	305	568	74	37
宁夏	0.78	0.37	1.15	318	321	639	67	32
新疆	3.46	2.74	6.19	962	1247	2209	98	60

附表 A8　各省级行政区工业调查对象用水大户用水量汇总表

省级行政区	用水大户		火（核）电			高用水工业用水大户			一般用水工业用水大户		
	企业个数/个	用水量/亿m³	企业个数/个	装机容量/万kW	净用水量/亿m³	企业个数/个	工业总产值/亿元	净用水量/亿m³	企业个数/个	工业总产值/亿元	净用水量/亿m³
全国	42576	762.84	2929	72440	526.46	17823	125446	158.48	21824	127901	77.89
北京	290	1.35	160	375	0.35	58	549	0.63	72	1032	0.37
天津	516	3.03	45	779	0.79	178	3881	1.68	293	4361	0.56
河北	1977	13.39	139	3037	2.68	771	9992	7.03	1067	4047	3.68
山西	1585	11.03	135	4329	2.52	578	4612	4.56	872	4973	3.95
内蒙古	1085	10.92	194	5524	6.70	292	2088	2.47	599	1953	1.74
辽宁	1487	11.64	266	2558	2.95	354	6514	6.08	867	5058	2.62
吉林	463	16.65	145	984	9.56	181	1700	5.54	137	804	1.55
黑龙江	714	15.97	213	1679	11.10	232	1899	1.84	269	2541	3.02
上海	638	77.27	29	2107	71.93	230	4931	3.48	379	9787	1.86
江苏	3786	173.87	202	6865	153.24	2080	15435	15.70	1504	15619	4.93
浙江	3863	20.77	144	4238	3.31	2210	9967	14.36	1509	8148	3.11
安徽	1526	49.68	55	3012	37.05	627	2496	5.74	844	3910	6.88
福建	1888	28.60	41	2321	19.72	745	2813	6.40	1102	4063	2.48
江西	1145	26.25	33	1229	19.88	503	1929	4.21	609	1283	2.16
山东	3028	18.04	321	5507	4.85	1274	15997	10.02	1433	10325	3.16

续表

省级行政区	用水大户		火（核）电			高用水工业用水大户			一般用水工业用水大户		
	企业个数/个	用水量/亿m³	企业个数/个	装机容量/万kW	净用水量/亿m³	企业个数/个	工业总产值/亿元	净用水量/亿m³	企业个数/个	工业总产值/亿元	净用水量/亿m³
河南	1477	10.24	87	3871	3.89	698	3746	4.50	692	2805	1.85
湖北	1599	57.57	47	2369	44.25	741	3948	8.92	811	4160	4.40
湖南	1968	56.40	35	1643	45.84	942	3015	8.06	991	2367	2.50
广东	4565	59.20	90	6566	42.24	1396	8969	8.23	3079	23785	8.73
广西	1275	28.70	28	1199	19.86	607	2527	6.08	640	2348	2.77
海南	110	1.55	12	222	0.05	34	216	0.63	64	231	0.87
重庆	1162	24.77	22	624	12.62	427	1791	8.36	713	2998	3.79
四川	1726	10.95	27	1188	1.80	813	3833	6.67	886	3254	2.48
贵州	672	5.12	52	2393	2.80	263	1424	1.67	357	597	0.64
云南	1290	6.44	25	1070	1.06	514	2151	2.95	751	1686	2.42
西藏	44	0.11	2	0.00	0.00	15	9	0.02	27	23	0.09
陕西	804	4.79	63	2237	1.31	316	2555	1.97	425	2929	1.51
甘肃	561	5.56	74	1490	1.44	204	2750	2.70	283	783	1.42
青海	160	3.74	21	127	0.11	73	858	3.38	66	265	0.25
宁夏	291	3.74	51	1585	1.32	133	765	1.87	107	552	0.55
新疆	881	5.49	171	1310	1.24	334	2086	2.72	376	1211	1.53

附表 A9

各省级行政区工业调查对象典型用水户用水量汇总表

省级行政区	典型用水户			高用水工业典型用水户			一般用水工业典型用水户		
	企业个数/个	工业总产值/亿元	净用水量/万m³	企业个数/个	工业总产值/亿元	净用水量/万m³	企业个数/个	工业总产值/亿元	净用水量/万m³
全国	127247	52758	198507	44242	19722	88697	83005	33036	109810
北京	1989	1935	3741	657	622	1379	1332	1313	2362
天津	1122	963	994	524	390	614	598	573	379
河北	6925	2520	11189	2333	1005	4622	4592	1515	6566
山西	3684	1147	4985	933	259	1639	2751	887	3346
内蒙古	2290	1155	3343	763	468	1510	1527	687	1832
辽宁	6127	3467	4904	2278	1326	1831	3849	2142	3073
吉林	1939	983	3418	709	449	1350	1230	534	2068
黑龙江	2450	1078	2707	731	218	1476	1719	861	1231
上海	1100	1264	2705	468	484	1298	632	780	1407
江苏	7304	4996	11750	2899	1850	5923	4405	3146	5827
浙江	6626	4539	17378	2705	2067	9208	3921	2473	8171
安徽	4663	1152	9761	1398	203	3330	3265	949	6431
福建	6724	1973	14620	2751	820	8141	3973	1153	6478
江西	4543	1186	7015	1443	400	2779	3100	786	4235
山东	10720	7239	13343	4500	3305	7611	6220	3934	5732

续表

省级行政区	典型用水户			高用水工业典型用水户			一般用水工业典型用水户		
	企业个数 /个	工业总产值 /亿元	净用水量 /万 m³	企业个数 /个	工业总产值 /亿元	净用水量 /万 m³	企业个数 /个	工业总产值 /亿元	净用水量 /万 m³
河南	9652	2448	10202	3288	875	4495	6364	1573	5706
湖北	4907	1401	14908	1543	421	5722	3364	979	9187
湖南	5807	977	8506	1928	366	3837	3879	611	4669
广东	6678	4705	14461	2274	1405	5070	4404	3300	9391
广西	4147	925	7890	1320	419	4346	2827	506	3543
海南	596	124	548	157	56	219	439	68	329
重庆	2746	568	2870	991	132	1008	1755	436	1861
四川	7395	2224	10246	2595	882	4495	4800	1342	5751
贵州	2960	630	4007	841	207	1311	2119	424	2696
云南	4215	634	3870	1330	267	1407	2885	366	2464
西藏	171	25	135	45	6	39	126	19	95
陕西	3460	882	2522	929	237	954	2531	644	1567
甘肃	2154	335	1572	573	107	517	1581	228	1055
青海	407	186	797	106	97	582	301	90	214
宁夏	1039	520	763	391	177	378	648	343	385
新疆	2707	577	3359	839	202	1603	1868	375	1756

203

附表 A10

各省级行政区工业全口径用水量及用水指标汇总表

省级行政区	工业毛用水量/亿 m³				工业增加值 /亿元	工业用水指标	
	火(核)电工业	高用水工业	一般用水工业	小计		万元工业增加值用水量 /m³	非火(核)电万元工业增加值用水量 /m³
全国	529.93	334.53	338.53	1202.99	188470	63.8	35.7
北京	0.35	0.98	3.65	4.97	3049	16.3	15.2
天津	0.79	2.26	1.90	4.94	5431	9.1	7.7
河北	2.63	13.96	11.47	28.06	11770	23.8	21.6
山西	2.53	5.72	5.90	14.15	5960	23.7	19.5
内蒙古	6.67	5.83	5.11	17.60	7102	24.8	15.4
辽宁	2.91	10.83	10.62	24.36	10697	22.8	20.1
吉林	9.63	8.67	5.68	23.98	4918	48.8	29.2
黑龙江	11.52	7.44	11.74	30.71	5603	54.8	34.2
上海	71.93	5.85	5.73	83.51	7209	115.9	16.1
江苏	152.92	27.39	19.81	200.12	22281	89.8	21.2
浙江	3.33	30.44	24.74	58.51	14683	39.8	37.6
安徽	37.66	17.10	25.62	80.39	7062	113.8	60.5
福建	19.64	15.15	18.33	53.13	7675	69.2	43.6
江西	19.84	9.52	9.85	39.20	5412	72.4	35.8
山东	4.88	17.49	11.92	34.29	21276	16.1	13.8

续表

省级行政区	工业毛用水量/亿m³				工业增加值/亿元	工业用水指标	
	火(核)电工业	高用水工业	一般用水工业	小计		万元工业增加值用水量/m³	非火(核)电万元工业增加值用水量/m³
河南	3.93	23.42	30.41	57.77	13949	41.4	38.6
湖北	44.95	21.44	19.93	86.32	8538	101.1	48.5
湖南	46.78	18.48	17.79	83.05	8123	102.2	44.7
广东	41.78	23.8	40.72	106.3	24650	43.1	26.2
广西	19.64	11.53	11.46	42.64	4851	87.9	47.4
海南	0.05	0.96	1.45	2.45	475	51.6	50.7
重庆	12.66	12.34	9.59	34.58	4690	73.7	46.8
四川	2.39	16.20	12.89	31.48	9491	33.2	30.7
贵州	2.88	3.03	4.59	10.51	1829	57.5	41.7
云南	1.91	5.82	4.88	12.61	2994	42.1	35.7
西藏	0	0.03	0.54	0.57	48	118.1	118.8
陕西	1.30	4.23	4.94	10.47	5858	17.9	15.7
甘肃	1.73	4.25	3.12	9.11	1924	47.4	38.3
青海	0.11	4.05	0.52	4.68	812	57.6	56.3
宁夏	1.37	2.26	0.78	4.41	817	54.0	37.2
新疆	1.22	4.06	2.84	8.12	2700	30.1	25.6

附表 A11

各省级行政区建筑业典型调查汇总表

省级行政区	企业调查个数 /个	完成施工面积 /万 m²	从业人员 /万人	净用水量 /亿 m³	单位施工面积用水量 / (m³·m⁻²)
全国	13696	45117	269.6	3.26	0.72
北京	92	586	2.1	0.02	0.40
天津	104	777	2.6	0.02	0.31
河北	703	4108	17.6	0.14	0.33
山西	519	1045	10.5	0.12	1.17
内蒙古	425	1262	6.2	0.07	0.59
辽宁	408	1611	10.6	0.09	0.54
吉林	213	700	3.3	0.06	0.82
黑龙江	494	1756	8.3	0.16	0.92
上海	116	577	4.9	0.05	0.86
江苏	584	2893	21.8	0.11	0.36
浙江	448	2225	12.5	0.16	0.70
安徽	604	1724	12.5	0.18	1.02
福建	485	1573	9.6	0.14	0.92
江西	507	1666	6.5	0.16	0.98
山东	869	2884	22.5	0.17	0.58

续表

省级行政区	企业调查个数 /个	完成施工面积 /万 m²	从业人员 /万人	净用水量 /亿 m³	单位施工面积用水量 / (m³·m⁻²)
河南	840	2806	13.1	0.20	0.70
湖北	549	1683	8.7	0.15	0.89
湖南	668	2316	10.3	0.23	0.99
广东	657	2335	13.4	0.19	0.80
广西	442	818	6.1	0.06	0.78
海南	120	497	1.9	0.05	0.97
重庆	236	898	7.6	0.12	1.35
四川	755	1769	11.9	0.14	0.80
贵州	324	897	3.6	0.04	0.50
云南	665	1504	9.5	0.11	0.71
西藏	205	80	1.1	0.01	0.89
陕西	531	1141	8.4	0.10	0.87
甘肃	423	754	7.7	0.06	0.83
青海	162	366	2.8	0.03	0.70
宁夏	109	229	1.7	0.02	0.74
新疆	439	1636	10.2	0.11	0.70

附表 A12

各省级行政区第三产业用水大户用水调查汇总表

省级行政区	调查单位个数/个		从业人员/万人		实际用水量/亿 m³		人均日用水量/L	
	住宿餐饮业	其他第三产业	住宿餐饮业	其他第三产业	住宿餐饮业	其他第三产业	住宿餐饮业	其他第三产业
全国	4913	13855	108.52	730.62	4.39	22.05	1108	827
北京	45	320	3.66	66.58	0.11	1.07	821	441
天津	53	337	2.20	21.83	0.04	0.43	439	542
河北	131	411	2.32	31.00	0.12	0.53	1393	465
山西	145	190	3.51	9.87	0.11	0.20	872	557
内蒙古	58	116	1.19	6.73	0.05	0.18	1235	724
辽宁	123	385	2.96	32.87	0.11	0.72	987	603
吉林	18	99	0.23	6.38	0.01	0.15	1061	635
黑龙江	50	249	0.95	13.75	0.03	0.48	819	960
上海	94	392	4.52	48.22	0.17	1.25	1029	711
江苏	434	883	9.08	46.90	0.38	1.24	1145	724
浙江	470	1007	10.4	35.24	0.36	1.03	952	805
安徽	157	449	2.65	19.30	0.12	0.80	1259	1135
福建	175	652	3.87	23.23	0.16	0.88	1165	1042
江西	141	347	1.80	13.88	0.11	0.53	1701	1040
山东	185	538	5.02	29.40	0.14	0.63	777	590

续表

省级行政区	调查单位个数/个		从业人员/万人		实际用水量/亿 m³		人均日用水量/L	
	住宿餐饮业	其他第三产业	住宿餐饮业	其他第三产业	住宿餐饮业	其他第三产业	住宿餐饮业	其他第三产业
河南	208	601	2.84	31.77	0.13	0.97	1291	835
湖北	197	809	3.39	35.98	0.17	1.58	1389	1201
湖南	359	829	6.95	31.38	0.27	1.22	1079	1066
广东	807	1872	21.38	71.81	0.94	2.63	1199	1002
广西	127	589	2.33	20.80	0.10	0.93	1130	1230
海南	105	183	2.27	7.51	0.11	0.40	1342	1449
重庆	98	246	2.32	20.55	0.10	0.68	1185	903
四川	228	727	3.68	31.58	0.18	1.11	1333	964
贵州	83	332	1.18	12.39	0.05	0.40	1088	886
云南	125	372	2.66	11.71	0.12	0.50	1258	1165
西藏	16	33	0.06	0.61	0.002	0.02	967	1091
陕西	104	323	2.52	19.34	0.09	0.71	994	1011
甘肃	27	168	0.70	15.27	0.03	0.32	1233	571
青海	49	48	0.32	2.25	0.01	0.08	1078	926
宁夏	13	42	0.31	3.28	0.01	0.07	1170	580
新疆	88	306	1.27	9.22	0.05	0.30	1026	903

附表 A13

各省级行政区第三产业典型用水户用水调查汇总表

省级行政区	调查单位个数/个		从业人员/万人		实际用水量/亿 m³		人均日用水量/L	
	住宿餐饮业	其他第三产业	住宿餐饮业	其他第三产业	住宿餐饮业	其他第三产业	住宿餐饮业	其他第三产业
全国	69689	110518	201.82	739.04	4.40	6.68	597	248
北京	1445	3643	16.48	123.58	0.34	1.22	572	270
天津	514	711	2.31	8.23	0.04	0.06	454	195
河北	2023	5084	7.89	49.12	0.13	0.28	454	156
山西	1412	4839	6.33	22.74	0.11	0.11	457	132
内蒙古	3464	3602	6.55	18.96	0.09	0.12	369	168
辽宁	2607	4405	6.10	26.24	0.09	0.17	415	180
吉林	1387	1703	3.09	12.92	0.05	0.08	457	177
黑龙江	2011	3403	3.19	17.99	0.05	0.12	411	190
上海	484	663	3.69	11.36	0.10	0.12	718	292
江苏	3106	4415	10.40	27.82	0.28	0.31	728	307
浙江	2298	3930	11.14	27.42	0.30	0.28	734	280
安徽	1878	3366	6.25	19.08	0.14	0.20	597	282
福建	1999	4359	7.38	21.60	0.18	0.23	680	287
江西	2290	3072	5.38	15.14	0.14	0.18	709	329
山东	2769	5944	11.06	37.27	0.17	0.27	430	196

续表

省级行政区	调查单位个数/个		从业人员/万人		实际用水量/亿 m³		人均日用水量/L	
	住宿餐饮业	其他第三产业	住宿餐饮业	其他第三产业	住宿餐饮业	其他第三产业	住宿餐饮业	其他第三产业
河南	5446	8063	14.44	58.93	0.27	0.50	516	231
湖北	2325	3476	6.93	20.33	0.16	0.25	644	336
湖南	3139	4438	8.87	23.55	0.23	0.28	716	330
广东	2571	4345	11.49	27.44	0.35	0.34	840	338
广西	1111	3564	3.58	15.13	0.13	0.24	987	430
海南	783	752	2.38	3.56	0.07	0.05	767	395
重庆	1585	1936	4.45	11.72	0.08	0.10	481	230
四川	4118	6514	10.77	27.32	0.25	0.32	633	319
贵州	3225	3946	4.47	18.40	0.09	0.16	563	235
云南	3969	4850	5.69	16.34	0.16	0.18	782	299
西藏	1038	1438	0.64	1.98	0.02	0.03	1023	370
陕西	2721	4146	8.52	25.67	0.15	0.17	479	178
甘肃	2040	2890	5.22	19.40	0.08	0.11	396	162
青海	269	1336	0.59	5.85	0.01	0.03	647	160
宁夏	694	1052	1.66	5.46	0.03	0.03	469	143
新疆	4968	4633	4.85	18.51	0.11	0.16	604	231

附表A14 各省级行政区建筑业净用水量汇总表

省级行政区	竣工面积 /万 m²	建筑业净用水量 /亿 m³	单位建筑面积用水量 / (m³ · m⁻²)
全国	316429	19.90	0.63
北京	6456	0.33	0.51
天津	2638	0.25	0.95
河北	10642	0.58	0.55
山西	2538	0.44	1.73
内蒙古	4065	0.39	0.96
辽宁	16692	0.58	0.35
吉林	4195	0.54	1.31
黑龙江	4438	0.59	1.35
上海	5985	0.19	0.32
江苏	54650	1.59	0.29
浙江	51152	1.79	0.35
安徽	11898	1.12	0.95
福建	10944	0.71	0.66
江西	7813	0.55	0.70
山东	19277	1.05	0.55

续表

省级行政区	竣工面积 /万 m²	建筑业净用水量 /亿 m³	单位建筑面积用水量 / (m³ • m⁻²)
河南	15147	1.30	0.86
湖北	16468	0.95	0.58
湖南	11750	1.15	0.96
广东	12421	1.18	0.96
广西	4670	0.54	1.16
海南	584	0.08	1.37
重庆	8989	0.92	1.03
四川	13660	0.91	0.67
贵州	1530	0.29	1.89
云南	4444	0.48	1.10
西藏	120	0.04	3.32
陕西	5679	0.52	0.92
甘肃	2410	0.27	1.12
青海	324	0.09	2.78
宁夏	1386	0.10	0.72
新疆	3465	0.35	1.01

附表 A15

各省级行政区第三产业用水量汇总表

省级行政区	第三产业净用水量/亿 m³			第三产业毛用水量/亿 m³			第三产业用水指标/(L·人⁻¹·d⁻¹)		
	住宿餐饮业	其他第三产业	合计	住宿餐饮业	其他第三产业	合计	住宿餐饮业	其他第三产业	综合
全国	60.32	158.62	218.94	66.41	175.71	242.12	419	189	223
北京	0.81	4.59	5.41	1.00	5.43	6.42	290	121	133
天津	0.34	1.67	2.00	0.36	1.76	2.12	354	179	196
河北	1.84	4.80	6.64	1.89	4.89	6.78	348	151	180
山西	0.71	1.78	2.49	0.76	1.90	2.67	299	92	114
内蒙古	0.92	2.17	3.09	0.98	2.34	3.31	231	125	144
辽宁	1.11	3.20	4.31	1.53	4.22	5.74	245	102	121
吉林	1.30	1.67	2.97	1.55	2.02	3.56	221	120	150
黑龙江	0.86	2.13	2.99	0.93	2.58	3.50	152	102	112
上海	1.67	4.30	5.97	2.45	6.31	8.76	708	184	232
江苏	2.90	9.50	12.40	3.25	10.43	13.68	350	145	169
浙江	3.72	9.52	13.25	4.05	10.40	14.45	556	200	243
安徽	3.27	7.88	11.15	3.40	8.17	11.57	602	262	314
福建	1.11	6.19	7.30	1.23	6.82	8.05	493	206	226
江西	4.08	5.84	9.92	4.27	6.11	10.38	527	239	308
山东	1.70	6.11	7.81	1.85	6.65	8.50	206	112	125

续表

省级行政区	第三产业净用水量/亿 m³			第三产业毛用水量/亿 m³			第三产业用水指标/(L·人⁻¹·d⁻¹)		
	住宿餐饮业	其他第三产业	合计	住宿餐饮业	其他第三产业	合计	住宿餐饮业	其他第三产业	综合
河南	2.60	5.85	8.45	2.74	6.28	9.02	260	152	174
湖北	3.74	12.13	15.87	4.07	13.56	17.63	552	322	357
湖南	4.29	10.81	15.10	4.73	11.90	16.63	568	300	347
广东	5.61	18.55	24.16	6.46	21.22	27.68	579	232	270
广西	4.58	7.26	11.84	4.72	7.50	12.22	794	319	415
海南	0.49	1.77	2.26	0.53	1.90	2.44	492	268	298
重庆	1.33	3.78	5.11	1.51	4.22	5.73	338	165	191
四川	5.77	14.20	19.98	5.99	14.83	20.82	668	376	430
贵州	0.84	2.79	3.63	0.94	3.14	4.07	483	228	259
云南	1.55	4.30	5.86	1.60	4.41	6.01	360	154	182
西藏	0.07	0.13	0.20	0.14	0.14	0.28	122	64	84
陕西	1.35	2.00	3.35	1.46	2.20	3.65	289	94	129
甘肃	0.55	1.40	1.95	0.62	1.69	2.31	265	133	153
青海	0.21	0.40	0.61	0.29	0.51	0.80	508	136	185
宁夏	0.17	0.37	0.54	0.22	0.48	0.70	299	83	107
新疆	0.82	1.52	2.35	0.91	1.71	2.62	289	146	176

附表 A16

各省级行政区规模以上灌区农业灌溉用水调查汇总表

省级行政区	调查对象数量 /个	耕 地 灌 溉			非 耕 地 灌 溉		
		实际灌溉面积 /万亩	净用水量 /亿 m³	亩均净用水量 /m³	实际灌溉面积 /万亩	净用水量 /亿 m³	亩均净用水量 /m³
全国	13879	41562.19	1541.24	370.8	3635.68	112.47	309.4
北京	27	51.65	1.16	224.7	15.8611	0.36	226.1
天津	80	234.81	6.53	277.9	5.35	0.13	233.9
河北	555	1229.91	28.97	235.6	41.31	0.84	203.6
山西	264	807.40	16.95	210.0	16.39	0.25	150.1
内蒙古	392	2046.64	74.20	362.5	157.78	6.06	384.0
辽宁	155	572.37	34.26	598.5	3.33	0.07	208.3
吉林	177	384.90	21.11	548.5	2.92	0.15	509.7
黑龙江	565	1970.65	94.73	480.7	18.60	0.68	364.9
上海	1	3.50	0.13	360.0	—	—	—
江苏	516	2844.43	122.91	432.1	179.81	4.83	268.5
浙江	432	886.86	26.73	301.4	55.68	0.81	145.3
安徽	970	2682.31	60.46	225.4	45.58	0.51	111.6
福建	448	374.37	18.50	494.3	31.25	0.26	81.8
江西	738	1269.10	61.04	481.0	49.45	0.65	131.4
山东	742	3786.55	64.99	171.6	164.66	2.24	135.8

续表

省级行政区	调查对象数量/个	耕地灌溉			非耕地灌溉		
		实际灌溉面积/万亩	净用水量/亿 m^3	亩均净用水量/m^3	实际灌溉面积/万亩	净用水量/亿 m^3	亩均净用水量/m^3
河南	709	3016.70	66.53	220.5	46.51	0.85	181.8
湖北	903	2971.24	93.69	315.3	168.99	2.81	166.2
湖南	822	1952.87	68.74	352.0	70.10	1.65	235.9
广东	639	1068.01	61.37	574.6	156.27	5.85	374.1
广西	577	778.62	47.21	606.3	23.03	0.60	262.1
海南	80	163.70	9.80	598.6	35.30	1.03	292.1
重庆	291	190.03	4.44	233.6	4.70	0.04	95.8
四川	733	1562.34	52.50	336.1	104.31	1.89	181.5
贵州	527	172.87	6.13	354.8	0.75	0.00①	59.4
云南	811	1030.56	37.58	364.6	62.75	0.95	151.3
西藏	295	130.33	4.82	369.7	84.06	1.80	214.6
陕西	301	808.19	22.10	273.4	65.97	1.22	184.4
甘肃	285	1527.32	73.11	478.7	214.34	5.31	247.6
青海	104	140.59	5.40	383.9	67.68	2.01	297.6
宁夏	94	637.75	43.91	688.5	100.78	4.04	401.0
新疆	646	6265.61	311.24	496.7	1642.16	64.60	393.4

① 贵州省的非耕地用水量为 44.34 万 m^3。

217

附表 A17

各省级行政区规模以下典型灌区农业灌溉用水调查汇总表

省级行政区	调查对象数量/个	耕 地 灌 溉				非 耕 地 灌 溉		
		实际灌溉面积/万亩	净用水量/亿 m³	亩均净用水量/m³	实际灌溉面积/万亩	净用水量/亿 m³	亩均净用水量/m³
全国	60600	5830.01	182.69	313.4	324.13	6.96	214.7
北京	57	3.18	0.05	169.5	0.71	0.01	160.6
天津	123	27.45	0.51	185.2	0.97	0.02	212.8
河北	6653	1056.86	21.65	204.9	40.38	0.70	172.9
山西	2738	228.78	4.20	183.6	10.92	0.14	130.0
内蒙古	939	229.93	5.61	243.8	6.36	0.16	251.5
辽宁	1339	114.20	5.42	474.3	5.78	0.10	175.5
吉林	501	46.82	2.35	501.6	0.01	0.00①	265.4
黑龙江	942	324.62	14.10	434.4	1.74	0.04	238.1
上海	35	1.19	0.04	354.6	0.10	0.00①	300.7
江苏	2371	145.60	7.50	514.8	9.53	0.24	253.1
浙江	2455	143.32	4.72	329.2	11.41	0.16	143.0
安徽	2872	447.75	8.43	188.3	13.66	0.09	62.3
福建	3895	194.32	9.40	483.8	18.49	0.21	115.8
江西	3396	232.89	10.84	465.5	10.68	0.13	119.2
山东	4409	428.91	7.48	174.5	16.68	0.19	115.8

续表

省级行政区	调查对象数量/个	耕地灌溉			非耕地灌溉		
		实际灌溉面积/万亩	净用水量/亿 m³	亩均净用水量/m³	实际灌溉面积/万亩	净用水量/亿 m³	亩均净用水量/m³
河南	2709	185.27	3.98	214.6	1.78	0.02	131.4
湖北	1471	104.73	3.36	320.5	5.31	0.06	119.8
湖南	4484	464.03	15.84	341.3	15.64	0.28	181.5
广东	1174	209.73	12.71	606.2	24.55	0.95	387.9
广西	2693	179.75	9.74	541.6	4.37	0.08	173.7
海南	599	56.29	3.04	540.5	10.67	0.30	283.8
重庆	1397	94.63	2.20	232.4	2.93	0.03	97.1
四川	3553	225.16	5.34	237.4	16.35	0.21	125.4
贵州	3694	133.73	4.77	357.1	0.31	0.00①	62.1
云南	1862	170.63	6.26	366.6	9.59	0.15	152.5
西藏	1031	56.53	1.80	317.6	26.35	0.60	227.5
陕西	2072	131.07	3.77	288.0	11.14	0.21	191.6
甘肃	484	32.27	0.90	279.4	7.39	0.16	215.4
青海	89	21.38	0.80	375.9	4.88	0.16	318.4
宁夏	91	15.23	0.46	299.0	3.98	0.11	268.4
新疆	472	123.77	5.43	438.3	31.46	1.44	457.5

① 吉林省、上海市和贵州省的非耕地灌溉净用水量分别为 29.38 万 m³、3.26 万 m³ 和 19.31 万 m³。

附表 A18 各省级行政区规模化畜禽养殖场用水调查汇总表

省级行政区	调查对象数量/个	畜禽数量/[万头(匹、只)]			畜禽养殖用水量/万 m³				单位畜禽养殖用水量/[L·头(匹、只)⁻¹·d⁻¹]		
		大牲畜	小牲畜	家禽	大牲畜	小牲畜	家禽	小计	大牲畜	小牲畜	家禽
全国	54797	431.20	5347.12	51510.75	8263.05	41463.53	11034.39	60760.98	52.5	21.2	0.59
北京	542	6.98	55.40	844.08	127.72	376.19	243.80	747.70	50.2	18.6	0.79
天津	436	12.16	29.64	346.01	252.27	177.02	33.47	462.76	56.9	16.4	0.26
河北	3463	77.95	248.41	1790.76	1502.86	1369.87	291.77	3164.49	52.8	15.1	0.45
山西	1731	12.61	186.08	1322.91	214.25	1620.43	346.15	2180.83	46.6	23.9	0.72
内蒙古	1329	26.60	74.76	472.54	526.94	320.42	88.66	936.02	54.3	11.7	0.51
辽宁	2540	16.42	121.02	3656.49	346.29	1028.98	671.76	2047.03	57.8	23.3	0.50
吉林	1125	11.89	60.46	1138.15	198.52	491.82	225.40	915.74	45.8	22.3	0.54
黑龙江	1808	27.02	118.71	642.00	621.57	788.44	190.44	1600.45	63.0	18.2	0.81
上海	343	6.74	67.49	345.42	288.60	382.78	68.83	740.21	117.4	15.5	0.55
江苏	2149	9.77	187.05	3510.21	187.64	919.71	537.76	1645.11	52.6	13.5	0.42
浙江	2674	5.51	429.26	2226.69	141.66	2416.73	481.50	3039.89	70.5	15.4	0.59
安徽	1770	9.41	141.62	2357.39	133.67	1027.73	693.05	1854.44	38.9	19.9	0.81
福建	2758	5.37	386.42	3380.01	58.52	3935.79	453.54	4447.85	29.8	27.9	0.37
江西	1252	6.26	204.31	513.87	114.09	1810.04	113.20	2037.32	49.9	24.3	0.60
山东	3593	27.88	183.22	7102.98	490.32	1097.52	1062.22	2650.06	48.2	16.4	0.41

续表

省级行政区	调查对象数量/个	畜禽数量/[万头(匹、只)]			畜禽养殖用水量/万 m³				单位畜禽养殖用水量/[L·头(匹、只)$^{-1}$·d^{-1}]		
		大牲畜	小牲畜	家禽	大牲畜	小牲畜	家禽	小计	大牲畜	小牲畜	家禽
河南	6318	36.09	627.03	3424.60	649.08	5600.21	1218.60	7467.90	49.3	24.5	0.97
湖北	3103	9.48	360.17	3711.92	154.37	2254.24	864.03	3272.64	44.6	17.1	0.64
湖南	3004	6.44	257.92	873.51	98.04	2170.60	390.22	2658.86	41.7	23.1	1.22
广东	3834	5.51	496.94	3225.12	177.80	5831.85	624.19	6633.83	88.3	32.2	0.53
广西	1918	5.71	265.61	2316.31	94.98	2542.10	588.76	3225.84	45.5	26.2	0.70
海南	323	0.17	55.59	348.36	1.67	246.23	83.49	331.40	26.3	12.1	0.66
重庆	894	5.87	57.01	852.88	130.97	675.00	323.90	1129.88	61.1	32.4	1.04
四川	2289	9.78	214.20	1701.25	164.29	1462.66	359.08	1986.02	46.0	18.7	0.58
贵州	450	2.68	34.19	677.01	50.77	254.59	124.12	429.49	51.9	20.4	0.50
云南	1170	7.72	91.37	1409.21	124.01	667.56	329.68	1121.25	44.0	20.0	0.64
西藏	26	1.28	4.15	20.19	17.07	18.44	4.43	39.94	36.4	12.2	0.60
陕西	1475	11.92	96.91	626.07	250.49	728.33	132.99	1111.80	57.6	20.6	0.58
甘肃	848	12.14	69.97	362.36	232.84	598.44	74.55	905.82	52.5	23.4	0.56
青海	145	16.15	75.58	15.06	246.27	194.59	4.42	445.28	41.8	7.1	0.80
宁夏	576	12.77	25.37	126.87	261.60	93.84	18.80	374.24	56.1	10.1	0.41
新疆	911	24.90	121.27	2170.53	403.88	361.39	391.59	1156.85	44.4	8.2	0.49

附表 A19

各省级行政区农业灌溉用水量汇总表

省级行政区	耕地灌溉				非耕地灌溉			
	实际灌溉面积/万亩	净用水量/亿 m³	毛用水量/亿 m³	亩均毛用水量/m³	实际灌溉面积/万亩	净用水量/亿 m³	毛用水量/亿 m³	亩均毛用水量/m³
全国	81381	2675.53	3792.19	466	7805	198.40	265.62	340
北京	205	6.45	6.89	336	82	1.68	1.76	215
天津	403	9.64	10.78	268	40	1.85	1.92	479
河北	5711	118.41	125.82	220	224	3.87	4.2	187
山西	1748	33.51	41.97	240	56	0.82	1.00	178
内蒙古	4061	117.83	143.66	354	327	9.64	11.81	361
辽宁	1435	64.31	82.72	576	187	3.04	3.11	166
吉林	1627	56.23	79.25	487	60	2.08	2.24	371
黑龙江	5636	220.94	278.45	494	70	2.01	2.78	400
上海	299	10.65	15.72	525	31	0.66	0.80	256
江苏	4850	207.19	268.16	553	753	22.17	25.43	338
浙江	1848	59.01	87.90	476	195	3.27	4.78	245
安徽	5551	106.42	166.90	301	202	1.87	2.59	128
福建	1397	68.21	109.73	785	227	1.47	2.37	104
江西	2736	129.11	218.01	797	168	2.07	3.16	188
山东	6835	110.58	145.97	214	485	6.11	7.63	157

续表

省级行政区	耕地灌溉				非耕地灌溉			
	实际灌溉面积/万亩	净用水量/亿 m³	毛用水量/亿 m³	亩均毛用水量/m³	实际灌溉面积/万亩	净用水量/亿 m³	毛用水量/亿 m³	亩均毛用水量/m³
河南	6767	114.30	134.56	199	218	2.28	2.69	123
湖北	3717	117.09	187.04	503	376	5.82	8.5	226
湖南	3855	134.45	203.88	529	218	4.50	6.07	278
广东	2457	144.62	238.52	971	570	21.10	28.83	505
广西	2002	112.53	206.76	1033	113	2.54	3.95	350
海南	305	17.48	30.08	987	101	2.81	4.68	464
重庆	678	15.53	20.17	297	82	2.17	2.37	287
四川	3082	87.50	135.24	439	283	4.21	6.1	216
贵州	933	30.91	46.99	504	13	0.07	0.08	64
云南	2065	71.09	96.40	467	167	2.32	3.06	184
西藏	310	10.30	19.70	635	207	3.59	6.55	317
陕西	1451	37.72	52.41	361	127	2.36	2.98	235
甘肃	1668	77.21	99.92	599	244	5.89	7.8	320
青海	232	8.50	16.10	692	92	2.68	5.89	638
宁夏	703	45.86	61.36	873	116	4.47	5.74	495
新疆	6813	331.95	461.13	677	1771	68.98	94.77	535

附表 A20

各省级行政区畜禽养殖净用水量汇总表

省级行政区	畜禽数量/[万头（只）]			净用水量/亿 m³			
	大牲畜	小牲畜	家禽	大牲畜	小牲畜	家禽	合计
全国	14257	99124	772062	24.18	67.50	18.73	110.41
北京	22	237	2663	0.04	0.17	0.06	0.28
天津	28	270	2861	0.06	0.15	0.03	0.24
河北	644	4255	38052	1.16	2.33	0.60	4.10
山西	137	1643	8800	0.21	1.37	0.24	1.81
内蒙古	1043	6138	7442	2.07	2.38	0.11	4.57
辽宁	643	3423	63354	1.54	2.79	1.13	5.45
吉林	720	2061	29625	1.19	1.62	0.53	3.35
黑龙江	978	4262	22470	1.86	2.56	0.71	5.13
上海	7	205	4259	0.03	0.12	0.12	0.27
江苏	64	3591	68164	0.11	1.77	1.09	2.97
浙江	29	2082	14061	0.08	1.26	0.34	1.67
安徽	169	3355	37240	0.24	2.62	1.03	3.90
福建	68	1385	12587	0.08	1.35	0.24	1.65
江西	315	2054	18377	0.56	1.65	0.49	2.69
山东	645	6393	70333	1.08	3.60	1.16	5.83

续表

省级行政区	畜禽数量/[万头（只）]			净用水量/亿 m³			
	大牲畜	小牲畜	家禽	大牲畜	小牲畜	家禽	合计
河南	805	6382	60831	1.42	4.91	2.00	8.33
湖北	348	4957	47645	0.61	3.27	1.25	5.11
湖南	419	6308	38265	0.59	5.33	1.62	7.55
广东	219	2624	42777	0.54	2.92	0.87	4.33
广西	514	3153	32789	1.00	3.00	0.80	4.78
海南	86	472	8583	0.07	0.21	0.23	0.52
重庆	111	1982	16548	0.23	2.16	0.61	3.00
四川	1433	11802	73577	2.04	7.98	2.23	12.26
贵州	625	1918	9428	0.97	1.51	0.24	2.72
云南	1088	4690	16002	1.59	3.45	0.50	5.53
西藏	712	1391	202	1.03	0.62	0.00	1.64
陕西	307	2669	7991	0.54	1.95	0.18	2.67
甘肃	679	2899	4638	1.19	1.84	0.11	3.15
青海	511	1649	258	0.73	0.46	0.00	1.19
宁夏	104	546	858	0.16	0.14	0.01	0.32
新疆	783	4326	11386	1.20	1.95	0.22	3.37

附表 A21

各省级行政区生态环境用水量汇总表

省级行政区	城镇环境用水量 /亿 m³	河湖生态补水量 /亿 m³	生态环境用水量 /亿 m³	单位绿地面积灌溉用水指标/ (m³·m⁻²)	单位环境卫生清洁面积用水指标/ (m³·m⁻²)
全国	35.86	70.55	106.41	0.35	0.15
北京	1.62	4.46	6.08	0.48	0.08
天津	0.78	1.68	2.46	0.42	0.10
河北	1.07	1.79	2.86	0.28	0.04
山西	1.40	2.02	3.42	0.46	0.31
内蒙古	1.15	8.62	9.78	0.40	0.03
辽宁	0.68	3.50	4.17	0.26	0.05
吉林	0.61	6.90	7.51	0.33	0.13
黑龙江	0.28	6.76	7.04	0.09	0.09
上海	0.35	0.20	0.55	0.08	0.03
江苏	4.09	4.23	8.33	0.37	0.21
浙江	3.11	3.44	6.55	0.33	0.31
安徽	1.87	1.11	2.98	0.50	0.30
福建	0.80	3.03	3.82	0.21	0.25
江西	0.86	0.20	1.06	0.31	0.23
山东	2.14	5.42	7.56	0.23	0.08

续表

省级行政区	城镇环境用水量/亿 m³	河湖生态补水量/亿 m³	生态环境用水量/亿 m³	单位绿地面积灌溉用水指标/(m³·m⁻²)	单位环境卫生清洁面积用水指标/(m³·m⁻²)
河南	1.34	3.73	5.07	0.40	0.14
湖北	0.76	1.26	2.02	0.29	0.12
湖南	1.78	0.02	1.80	0.56	0.36
广东	3.15	2.63	5.78	0.35	0.13
广西	0.63	0.44	1.07	0.27	0.18
海南	0.23	0.26	0.48	0.24	0.29
重庆	0.45	0.08	0.53	0.47	0.24
四川	2.67	0.62	3.30	0.56	0.16
贵州	0.18	0.01	0.19	0.26	0.09
云南	0.53	0.53	1.06	0.31	0.09
西藏	0.05	0.00	0.05	0.58	0.41
陕西	0.27	0.71	0.98	0.24	0.08
甘肃	0.61	0.70	1.30	0.62	0.09
青海	0.15	0.00	0.16	0.30	0.11
宁夏	0.29	0.92	1.21	0.22	0.02
新疆	1.96	5.27	7.23	0.57	0.12

附表 A22

各省级行政区总用水量汇总表

省级行政区	用水量/亿 m³					人均综合用水量/m³	万元地区生产总值用水量/m³
	生活	工业	农业	生态环境	总用水量		
全国	735.67	1202.99	4168.22	106.41	6213.29	461	131
北京	15.27	4.97	8.92	6.08	35.25	175	22
天津	5.86	4.94	12.93	2.46	26.19	193	23
河北	23.32	28.06	134.09	2.86	188.34	260	77
山西	12.42	14.15	44.79	3.42	74.78	208	67
内蒙古	8.73	17.60	160.03	9.78	196.14	790	137
辽宁	19.56	24.36	91.28	4.17	139.38	318	63
吉林	11.82	23.98	84.87	7.51	128.18	466	121
黑龙江	13.55	30.71	286.34	7.04	337.63	881	268
上海	22.43	83.51	16.80	0.55	123.29	525	64
江苏	49.93	200.12	296.57	8.33	554.94	703	113
浙江	42.43	58.51	94.36	6.55	201.85	369	62
安徽	33.43	80.39	173.36	2.98	290.16	486	190
福建	27.00	53.13	113.74	3.82	197.69	531	113
江西	29.84	39.20	223.86	1.06	293.97	655	251
山东	31.20	34.29	159.42	7.56	232.47	241	51

续表

省级行政区	用水量/亿 m³					人均综合用水量/m³	万元地区生产总值用水量/m³
	生活	工业	农业	生态环境	总用水量		
河南	32.05	57.77	145.56	5.07	240.44	256	89
湖北	41.41	86.32	200.63	2.02	330.38	574	168
湖南	47.41	83.05	217.57	1.80	349.83	530	178
广东	90.53	106.30	271.69	5.78	474.29	452	89
广西	32.99	42.64	215.50	1.07	292.20	629	249
海南	6.91	2.45	35.28	0.48	45.12	514	179
重庆	19.41	34.58	25.52	0.53	80.05	274	80
四川	49.21	31.48	153.64	3.30	237.63	295	113
贵州	14.07	10.51	49.81	0.19	74.58	215	131
云南	20.14	12.61	104.99	1.06	138.80	300	156
西藏	1.06	0.57	27.90	0.05	29.57	975	488
陕西	13.30	10.47	58.05	0.98	82.79	221	66
甘肃	7.26	9.11	110.88	1.30	128.56	501	256
青海	2.02	4.68	23.17	0.16	30.02	528	180
宁夏	1.95	4.41	67.41	1.21	74.99	1173	357
新疆	9.17	8.12	559.26	7.23	583.77	2643	883

各省级行政区供水量及其组成表

附表 A23

省级行政区	供水量/亿 m³				供水组成/%		
	地表水	地下水	非常规水源	总供水量	地表水	地下水	非常规水源
全国	5029.22	1081.25	86.61	6197.08	81.2	17.4	1.4
北京	9.90	16.41	8.74	35.05	28.3	46.8	24.9
天津	19.03	5.89	1.04	25.96	73.3	22.7	4.0
河北	36.07	146.38	4.44	186.90	19.3	78.3	2.4
山西	32.60	35.84	6.22	74.66	43.7	48.0	8.3
内蒙古	105.01	85.58	5.10	195.69	53.7	43.7	2.6
辽宁	79.53	56.27	3.33	139.13	57.2	40.4	2.4
吉林	86.17	42.35	0.31	128.84	66.9	32.9	0.2
黑龙江	184.78	148.96	0.69	334.44	55.3	44.5	0.2
上海	124.39	0.13	0.00	124.52	99.9	0.1	0.0
江苏	537.28	13.05	3.16	553.49	97.1	2.4	0.6
浙江	196.76	4.61	0.61	201.99	97.4	2.3	0.3
安徽	255.03	33.79	0.57	289.39	88.1	11.7	0.2
福建	189.01	6.25	0.77	196.04	96.4	3.2	0.4
江西	279.48	12.19	0.62	292.29	95.6	4.2	0.2
山东	134.23	89.32	7.90	231.45	58.0	38.6	3.4

续表

省级行政区	供水量/亿 m³				供水组成/%		
	地表水	地下水	非常规水源	总供水量	地表水	地下水	非常规水源
河南	122.75	113.70	2.91	239.36	51.3	47.5	1.2
湖北	316.01	9.25	3.04	328.29	96.3	2.8	0.9
湖南	335.08	16.17	0.19	351.44	95.3	4.6	0.1
广东	457.78	13.38	1.29	472.45	96.9	2.8	0.3
广西	273.83	12.42	5.08	291.33	94.0	4.3	1.7
海南	41.53	3.38	0.00	44.91	92.5	7.5	0.0
重庆	77.74	1.26	0.21	79.21	98.1	1.6	0.3
四川	209.85	18.33	9.88	238.06	88.1	7.7	4.2
贵州	66.44	1.01	7.12	74.57	89.1	1.4	9.5
云南	132.38	2.97	2.78	138.13	95.8	2.2	2.0
西藏	27.60	1.35	0.78	29.72	92.9	4.5	2.6
陕西	54.36	25.94	2.12	82.42	65.9	31.5	2.6
甘肃	94.32	33.12	1.68	129.12	73.0	25.7	1.3
青海	26.82	3.12	0.02	29.96	89.5	10.4	0.1
宁夏	68.32	5.95	0.62	74.89	91.2	8.0	0.8
新疆	455.15	122.88	5.36	583.39	78.0	21.1	0.9

附录B 名 词 解 释

（1）用水大户：指年用水量超过一定规模的用水户，包括全部的跨县灌区和1万亩及以上的非跨县灌区，以及年用水量5万t以上的工业企业和第三产业企事业单位。

（2）一般用水户：指年用水量在一定规模以下的用水户，即用水大户以外的用水量。

（3）典型用水户：指根据抽样方法或典型确定方法，从一般用水户中选取的具有代表性的用水户。

（4）公共供水企业：指通过公共供水管网，向覆盖范围内的居民家庭、企事业单位等用水户直接供水的企业或单位。

（5）火（核）电工业：指电力、热力的生产和供应业，但不包括水力发电业。

（6）高用水工业：包括食品制造业、饮料制造业、纺织业、造纸及纸制品业、石油加工、炼焦及核燃料加工业、化学原料及化学制品制造业、医药制造业、化学纤维制造业、黑色金属冶炼及压延加工业、有色金属冶炼及压延加工业。

（7）一般用水工业：指火（核）电工业、高用水工业及水的生产和供应业以外的采矿业和其他制造业。

（8）工业增加值：指按市场价格计算的区域内工业企业在生产活动中新创造的价值。

（9）工业总产值：指区域内工业企业以货币形式表现的工业最终产品和提供工业劳务活动的总价值量。

（10）第三产业从业人员：指区域内从事第三产业工作并取得劳动报酬或收入的年末实有人员数。

（11）耕地实际灌溉面积：指土地性质为耕地（包括在耕地上种植果树、花卉、苗圃等的面积），且当年进行了一次及以上灌溉的面积，在同1亩耕地上无论灌水几次，都按1亩统计。

（12）非耕地实际灌溉面积：指土地性质为非耕地，且当年进行了一次及以上灌溉的面积，在同1亩耕地上无论灌水几次，都按1亩统计。

（13）河道外用水：指用水户直接从水源（如河流、水库、湖泊、地下水等）提引或从供水企业输水管道中获取并用于生活、生产和生态环境的水量，不包括水力发电和航运等河道内用水。

（14）净用水量：指用水户实际接收到并用于生活、生产和生态环境的水量，不包括进入用水户之前的输水损失。对于农业灌溉来说，净用水量为进入渠道斗口并用于灌溉的水量。

（15）毛用水量：指用水户从各种水源提引的并用于生活、生产和生态环境的水量，包括从取水水源到进入用水户之前的输水损失。

（16）生活用水量：包括城乡居民生活、建筑业和第三产业用水量。

（17）工业用水量：指工业企业取用的新水量，不包括企业内部重复利用的水量。

（18）农业用水量：指农业生产过程中取用的水量，包括耕地灌溉、非耕地灌溉、畜禽养殖等取用的水量。

（19）生态环境用水量：生态环境用水量指城镇绿地灌溉、环境卫生以及河道外湖泊湿地的人工补水等所取用的水量。

（20）供水量：指各种水源工程供给河道外用水户包括输水损失在内的水量，包括地表水供水量、地下水供水量、非常规水源供水量。

（21）地表水供水量：指地表水源工程供给河道外用水户包括输水损失在内的水量，包括在河湖开发治理保护情况普查中进行普查的河湖取水口供水量，以及其他地表水供水量（如：移动泵站、独立塘坝、山泉水等供水量）。

（22）地下水供水量：指地下取水工程（取水井）供给河道外用水户包括输水损失在内的水量，包括地下水取水井专项普查中进行普查的规模以上机电井取水量、规模以下机电井和人力井取水量。

（23）非常规水源供水量：非常规水源供水量包括集雨工程供水量、再生水利用量、海水淡化利用量等其他非常规水源供水量。集雨工程量指通过修建或利用集雨场地和微型蓄雨工程（水窖、水柜等）取得的供水量；再生水利用量指经过城市污水处理厂集中处理后回用的水量，不包括企业内部废污水处理的重复利用量；海水淡化利用量指海水经过淡化设施处理后供给的水量。

附录 C 附 图

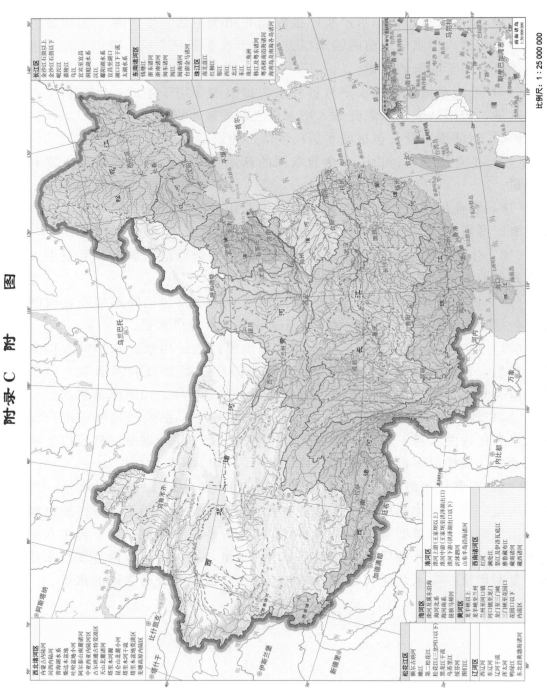

附图 C1 全国水资源分区图

比例尺：1:25 000 000

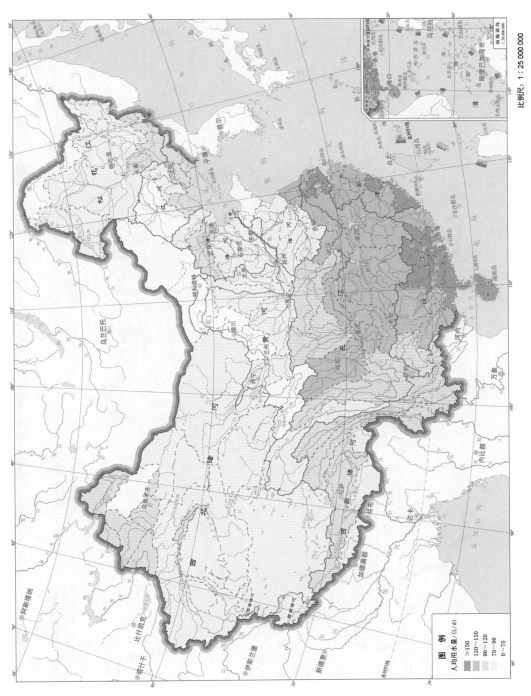

附图 C2　全国水资源二级区城镇居民生活人均日用水量分布示意图

235

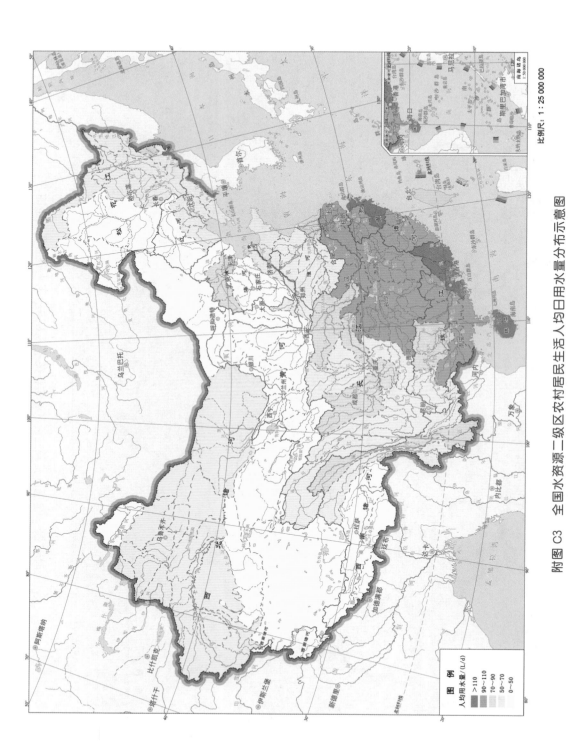

附图 C3　全国水资源二级区农村居民生活人均日用水量分布示意图

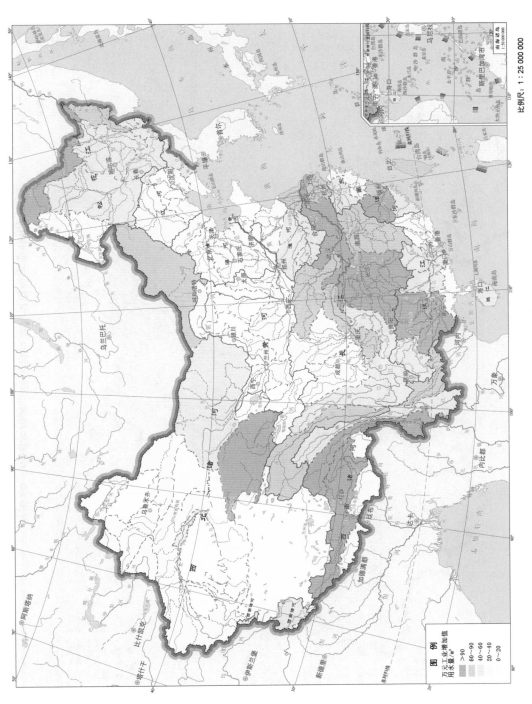

附图 C4 全国水资源二级区万元工业增加值用水量分布示意图

图 例

万元工业增加值
用水量/m³

>90
60~90
40~60
20~40
0~20

比例尺：1：25 000 000

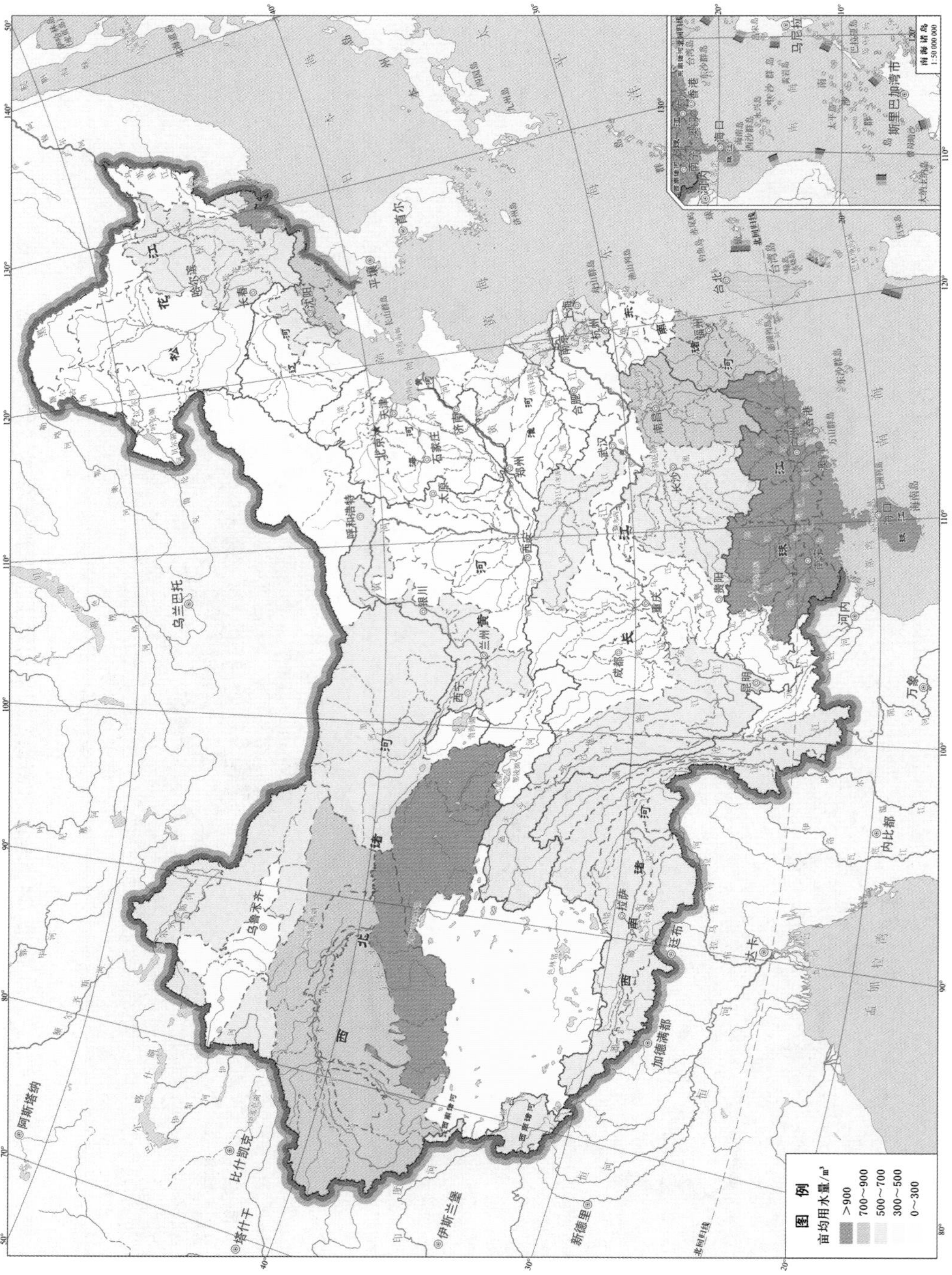

附图 C5　全国水资源二级区耕地灌溉亩均用水量分布示意图

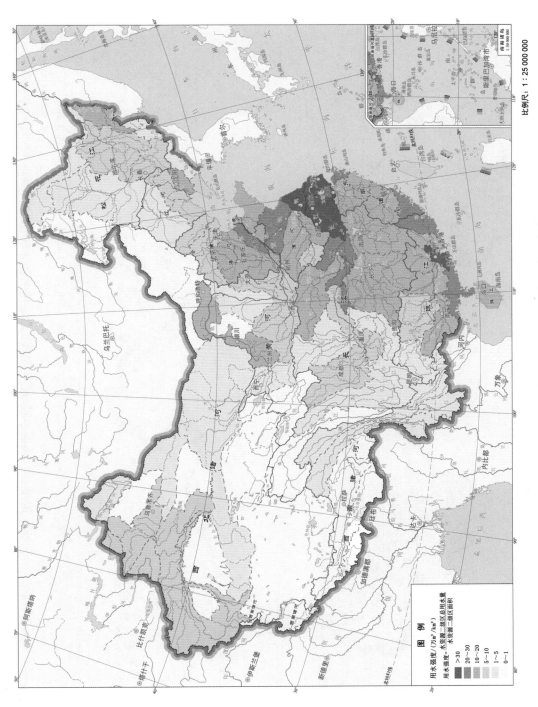

附图 C6 全国水资源二级区用水强度分布示意图

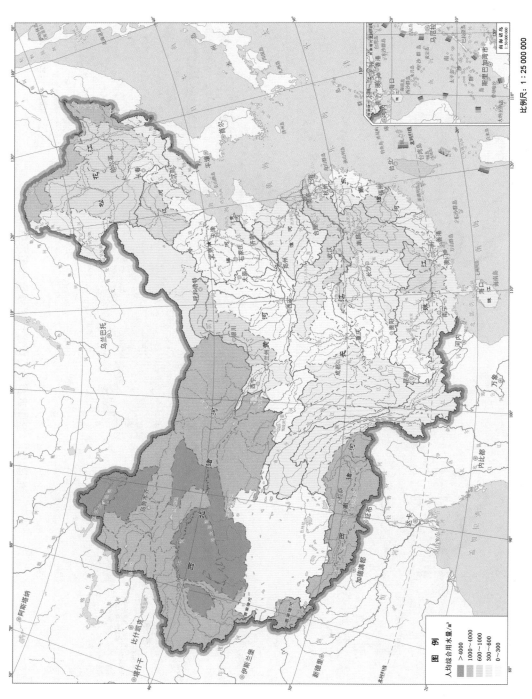

附图 C7 全国水资源二级区人均综合用水量分布示意图

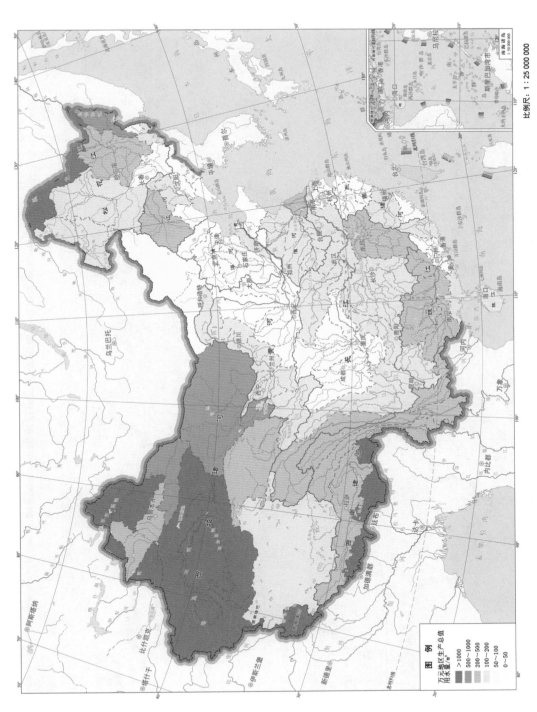

附图 C8　全国水资源二级区万元地区生产总值用水量分布示意图

比例尺：1：25 000 000

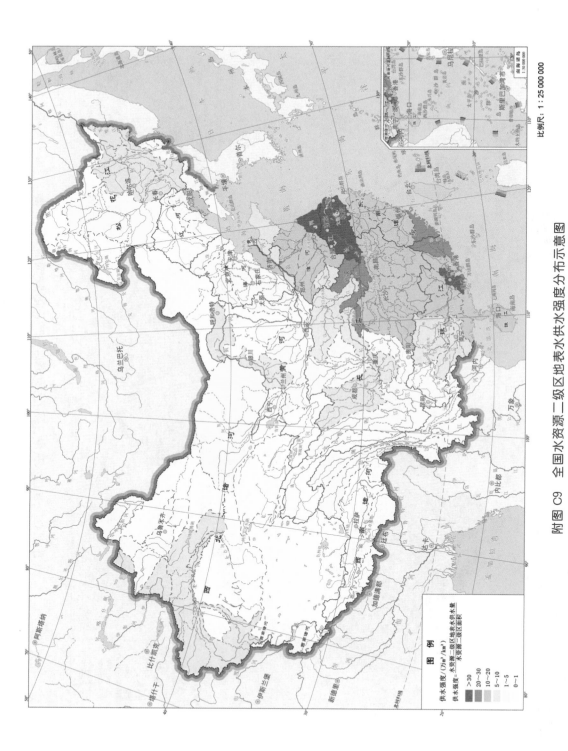

附图 C9 全国水资源二级区地表水供水强度分布示意图

比例尺: 1:25 000 000

图 例

供水强度/(万m³/km²) = 水资源二级区地表水供水量 / 水资源二级区面积

供水强度

>30
20~30
10~20
5~10
1~5
0~1

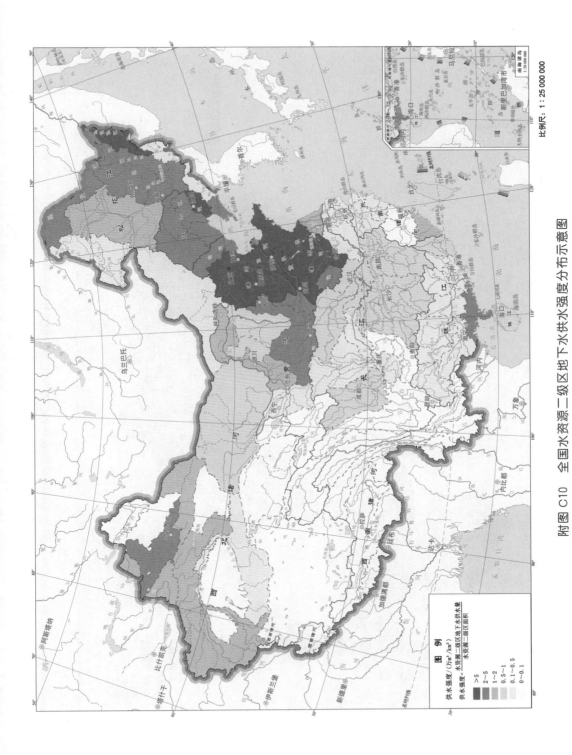

附图 C10 全国水资源二级区地下水供水强度分布示意图

比例尺: 1:25 000 000

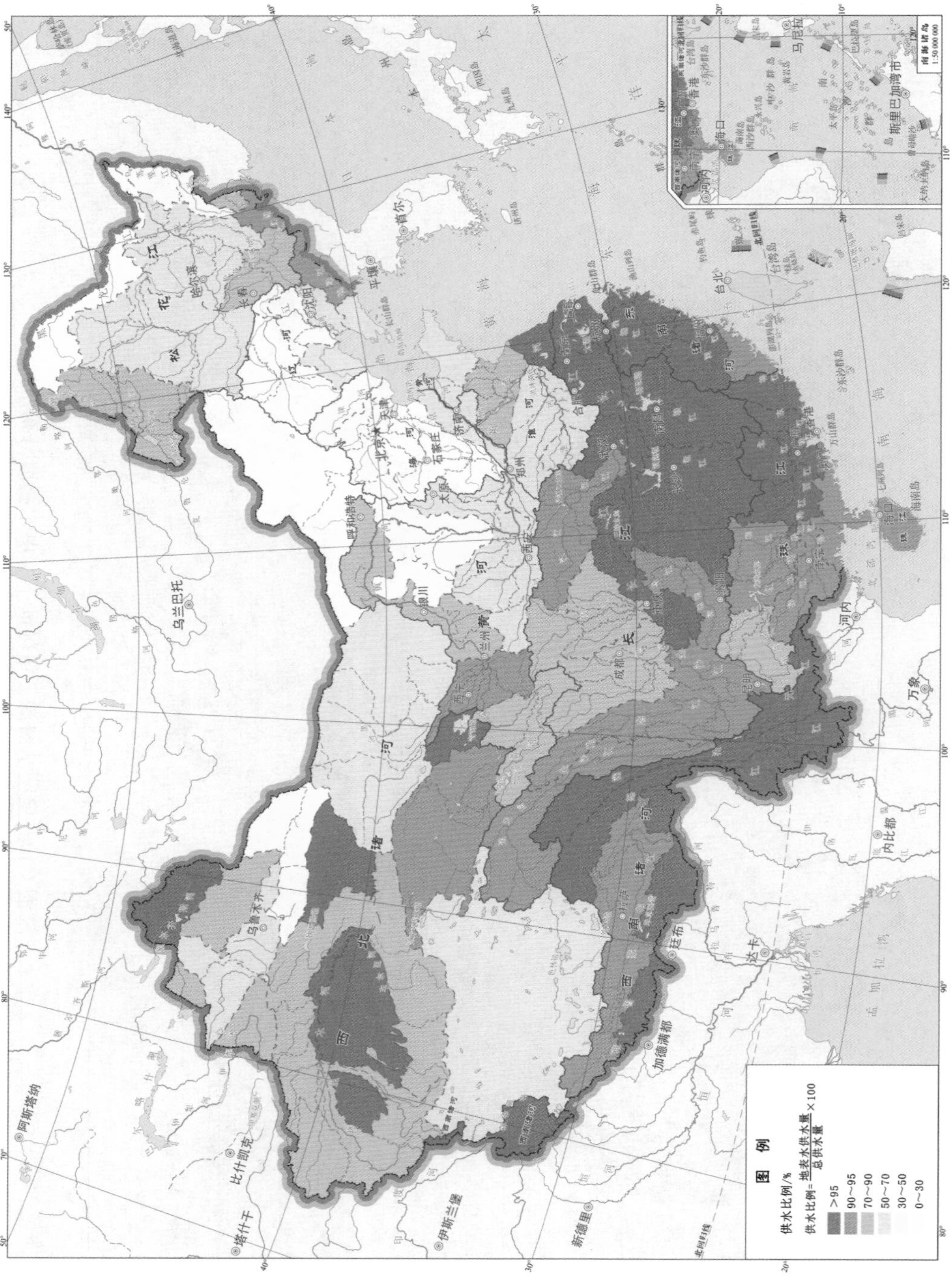

附图 C11　全国水资源二级区地表水供水比例分布示意图

比例尺: 1∶25 000 000

图　例

供水比例/%

供水比例= 地表水供水量 ×100
　　　　　 总供水量

>95
90~95
70~90
50~70
30~50
0~30

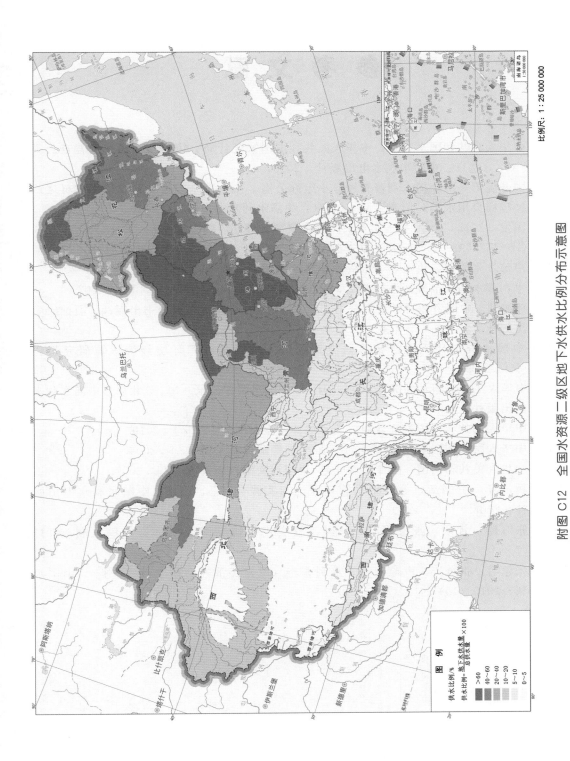

比例尺: 1 : 25 000 000

图 例

供水比例/%

供水比例=地下水供水量×100
　　　　　总供水量

- >60
- 40～60
- 20～40
- 10～20
- 5～10
- 0～5

附图 C12　全国水资源二级区地下水供水比例分布示意图

245

参 考 文 献

［1］ 中华人民共和国水利部，中华人民共和国国家统计局．第一次全国水利普查公报［M］．北京：中国水利水电出版社，2013．

［2］ 国务院第一次全国水利普查领导小组办公室．第一次全国水利普查培训教材之四 经济社会用水情况调查［M］，北京：中国水利水电出版社，2010．

［3］ 国发〔2012〕3号 关于实行最严格水资源管理制度的意见［Z］．2012．

［4］ GB/T 23598—2009 水资源公报编制规程［S］．北京：中国标准出版社，2009．

［5］ 卢琼，张象明，仇亚琴．水资源核算的水循环机制研究［J］．水利经济，2010．

［6］ 水利部水利水电规划设计总院．全国水资源综合规划技术细则［R］．2002．

［7］ 孙鸿烈．中国资源科学百科全书［M］．北京：中国大百科全书出版社，石油大学出版社，2000．

［8］ 中国水资源环境经济核算研究课题组．中国水资源环境经济核算研究报告［R］．2009．

［9］ 中华人民共和国水利部．2006—2010年中国水资源公报［M］．北京：中国水利水电出版社．

［10］ 中华人民共和国国家统计局．国家统计调查制度2010［Z］．2010．

［11］ 中华人民共和国国务院令第415号 全国经济普查条例［Z］．2004．

［12］ 中华人民共和国国务院令第508号 全国污染源普查条例［Z］．2007．

［13］ 林洪孝，王国新，等．用水管理理论与实践［M］．北京：中国水利水电出版社，2003．

［14］ 张海涛，甘泓，张象明，等．经济社会用水情况调查［J］．中国水利，2013（7）．

［15］ 张象明，张海涛，卢琼，等．水利普查（二）经济社会用水调查［J］．中国水利，2010（10）．